职业院校化学工艺专业群理实一体化“十四五”规划教材

分析化学基础知识与基本操作

主　编　胡　蕊　覃金萍　黄凌凌　邓恒俊
参　编　林家彬

华中科技大学出版社
中国·武汉

内容简介

本书以具体的任务设计学习内容,包含12个学习任务。根据学生的认知规律确定任务教学内容和顺序,并且融入教学经验和实际案例,注重实用性。本书首先介绍了分析化学、分析化学实验室的相关知识,分析天平、滴定分析仪器的基本操作等知识和技能,在此基础上介绍溶液的配制、数据处理等相关内容。最后通过食醋总酸度的测定和混合碱总碱度的测定两个具体操作练习,对学生所学知识进行检测,为后续相关课程的学习奠定基础。同时积极推进课程思政,在每个任务中融入思政素材,培养学生的职业素养,提高学生的思想道德水平。

本书可以作为中等职业院校工业分析与检验专业及相关专业在校生的教学用书,也可作为分析检验工作人员的培训教材。

图书在版编目(CIP)数据

分析化学基础知识与基本操作 / 胡蕊等主编. -- 武汉 :华中科技大学出版社,2024. 7. -- ISBN 978-7-5772-0939-5

Ⅰ. O65

中国国家版本馆 CIP 数据核字第 2024GB2095 号

分析化学基础知识与基本操作
Fenxi Huaxue Jichu Zhishi yu Jiben Caozuo

胡 蕊 覃金萍 黄凌凌 邓恒俊 主编

策划编辑:张 毅
责任编辑:杜筱娜
封面设计:廖亚萍
责任校对:刘小雨
责任监印:朱 玢

出版发行:华中科技大学出版社(中国·武汉) 电话:(027)81321913
武汉市东湖新技术开发区华工科技园 邮编:430223

录 排:武汉正风天下文化发展有限公司
印 刷:武汉市洪林印务有限公司
开 本:787mm×1092mm 1/16
印 张:11
字 数:260千字
版 次:2024年7月第1版第1次印刷
定 价:42.80元

目前分析检测类专业使用的教材大多是《分析化学实验与实训》与《分析化学》。在“三教”改革背景下，国家提倡大力开发新形态工学一体化教材，本书正是在此背景下编写而成。分析检测类一体化教材以工作页和信息页相融合的形式编写，按实际工作任务设计学习内容，并实现分析化学相关理论知识和操作技能的系统学习。

本书根据行业、企业专家对分析检测类岗位的能力需求进行编写，学生需具备一定的化学实验的基本知识和基本操作技能。全书共有12个任务，包括认识分析化学、认识分析化学实验室、化学试剂管理和实验室用水制备、实验室常用溶液的配制、认识滴定分析及操作、滴定分析中的计算、滴定分析仪器的校准等相关内容。本书具有以下特点。

(1) 本书在编写过程中力求强化基础、贴合行业的基本要求，融合了工学一体化教学理念。

(2) 每个任务都有知识目标、能力目标、素养目标、情景导入，非常清楚地向学生介绍了该任务的学习目标和学习内容，同时通过情景导入提高学生的学习兴趣。

(3) 为了便于学生阅读，提高学生的学习兴趣及突出本书的实用性，编写过程中尽量联系一些生产和生活中的具体实例，图文并茂，努力做到深入浅出、通俗易懂。

(4) 在全面推进课程思政背景下，本书结合教学内容，深入、广泛地挖掘其中蕴含的思政元素，从爱国主义、职业素养、工匠精神等思政方向收集素材，以文字的方式将思政内容融入专业课教材。

通过本书的学习，学生可加深对分析化学基础知识的理解，学习和掌握分析化学的基本操作技能，提高观察、分析和解决问题的能力，培养实事求是的科学态度、认真细致的工作作风和良好的科学素质，为学习后续课程和将来从事分析检测类工作打下良好基础。

本书由胡蕊、覃金萍、黄凌凌、邓恒俊主编，林家彬参编。本书在编写过程中得到了广西工业技师学院领导和同行的支持与帮助，在此一并表示衷心的感谢。

由于编者水平有限，不妥之处在所难免，恳请同行和读者批评指正！

编　者

2024年1月

目录

任务1　认识分析化学

任务目标

◆ 知识目标

1.了解分析化学的起源与发展趋势；

2.了解分析化学的任务、作用与特点；

3.明确分析方法的分类；

4.明确定量分析的一般步骤。

◆ 能力目标

1.能正确说出分析方法的分类，并举例说明；

2.能正确叙述定量分析的一般步骤及注意事项。

◆ 素养目标

了解化学分析的任务与作用，培养学生的职业认同感。

情景导入

情景1　中国奶制品污染事件

2008年，因食用三鹿奶粉而出现肾结石病症的婴幼儿不断增加，部分患儿已发展为肾功能不全，甚至出现死亡，引起相关部门的重视，卫生部(现为国家卫生健康委员会)高度怀疑三鹿奶粉受到三聚氰胺污染。2008年9月12日，三鹿集团声称，此事件是由不法奶农为获取更多的利润向鲜牛奶中掺入三聚氰胺导致的。

“三聚氰胺事件”的受害者不仅仅包括儿童，但对儿童的伤害最大，一共造成了几十万中国儿童受到不同程度的健康损害，长期食用添加了三聚氰胺奶粉的孩子，由于摄入蛋白质不足而营养不良。当年，国家质量监督检验检疫总局对全国婴幼儿奶粉三聚氰胺含量进行检查，结果显示，22家企业69批次产品检出了不同含量的三聚氰胺。中国乳制品工业协会协调有关责任企业出资筹集了总额达11.1亿元的婴幼儿奶粉事件赔偿金。“三聚氰胺事件”后，国家加大对奶粉制造行业的监督力度，收奶时需要养牛企业先行自测和乳品企业再次检查，确保原奶合格率达到99%以上。

三聚氰胺作为一种工业应用非常广泛的化工原料，分子中含有66.6%的氮，不少不法

企业为了以较低成本来提升乳制品、牛奶、饲料的蛋白质含量，将三聚氰胺作为添加剂过量加入乳制品、牛奶、饲料等中，制造出较高蛋白质含量的产品。2008 年，中国对牛奶的蛋白质含量测定使用的是“凯氏定氮法”，用蛋白氮的数值间接推算蛋白质含量，但是这种方法并不能识别奶制品中有无违规化学物质。三聚氰胺和水一起被添加到牛奶中时，就能通过“凯氏定氮法”获得虚假的蛋白质含量。目前，用于测定乳制品中蛋白质含量的方法较多，其中，双缩脲法和考马斯亮蓝法测定较为快捷简便，适用于批量样品的快速检验，且测定结果不受三聚氰胺干扰。

情景 2　某企业对实验室分析检测员的职责要求

分析检验岗位的职责：

(1) 依据现行有效标准对水质、空气、土壤、固体废弃物等样品进行检测，保证实验数据的真实、准确；

(2) 按照标准，完成实验操作及相应的数据处理；

(3) 按照实验流程，跟进相关实验，出具分析记录结果，对实验结果负责；

(4) 负责仪器的使用、维护和记录；

(5) 能够独立完成任务，思维敏捷，善于沟通交流；

(6) 负责各项目指标新方法的开发、资料的整理及填写。

分析检验岗位的要求：

(1) 专科以上学历，化学分析、环境工程、环境科学、分析类相关专业，有经验者优先考虑；

(2) 具备一定的实验室化学分析能力，能吃苦，为人真诚，沟通和团队协作能力强，责任心强，工作细心、认真；

(3) 具备良好的职业道德，执行力强，有拼搏进取的工作精神；

(4) 有较强的学习能力，能快速熟悉各环境检测项目的分析方法和实验室各设备操作，如酸度计、分光光度计、原子荧光光谱仪、气相色谱仪等。

说一说

☆ 为什么乳制品中含有三聚氰胺却能通过检测？

☆ 分析检测工作是做什么的？请根据生活实践举例说明。

☆ 我如何做才能成为一名合格的分析检测员？

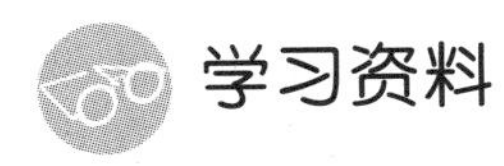

学习资料

一、分析化学的起源与发展趋势

分析化学是一门古老的学科，它的起源可以追溯到古代炼金术。当时人们依靠感官与双手进行分析与判断。16 世纪出现了第一个使用天平的试金实验室，使分析化学具有了科学的内涵。随着科学家对物质、自然现象等研究的深入，人们对物质的物理性质、化学性质以及物理化学性质有了比较深入和全面的认识，以此为基础，鉴定物质组成和测定物质组分的技术——分析化学诞生了，并广泛应用于生产、科研。

分析化学的发展经历了三次巨大变革：第一次是在20世纪初，随着分析化学基础理论，特别是物理化学基本概念的发展，分析化学从一种技术演变成为一门学科；第二次变革是在20世纪40年代，物理学和电子学的发展改变了经典的以化学分析为主的局面，仪器分析获得蓬勃发展；第三次是从20世纪70年代末开始，以计算机为主要标志的信息时代的来临，给分析化学带来了前所未有的发展机遇。目前，分析化学正处在第三次变革时期，生命科学、环境科学、新材料科学发展的要求，生物学、信息科学、计算机技术的引入，使分析化学进入了一个崭新的境界。第三次变革有以下特点：从采用的手段看，分析化学是在综合光、电、热、声和磁等现象的基础上进一步采用数学、计算机科学及生物学等学科新成就对物质进行纵深分析的学科；从解决的问题看，分析化学已发展成为能够获取形形色色物质尽可能全面的信息，进一步认识自然、改造自然的学科。现代分析化学的任务已不只限于测定物质的组成及含量，还要对物质的形态（氧化-还原态、配位态、结晶态）、结构（空间分布）、微区、薄层及化学和生物活性等进行瞬时追踪、无损和在线监测等分析及过程控制。随着计算机科学及仪器自动化的飞速发展，分析化学工作人员不仅提供分析数据，还要和其他学科的工作人员合作来解决工农业生产和科学研究中的实际问题。

二、分析化学的任务、作用与特点

分析化学是研究物质的组成、含量和结构的分析方法及有关理论的一门学科，是化学的一个重要分支。

1. 分析化学的任务

分析化学的任务主要包括定性分析、定量分析及结构分析。

定性分析是确定物质由哪些组分（元素、离子、官能团或化合物）组成，研究的是“有没有”的问题。常根据组分在化学反应中是否生成沉淀、气体或有色物质等现象来判断。例如，漂白粉常用于自来水消毒，生活中使用的自来水中是否还残留有氯化物？检验方法是将硝酸银溶液滴加至水样中，若出现白色沉淀，且在加入稀硝酸后沉淀不溶解，可判定水样中含有氯离子，见图1-1。

水样

滴加硝酸银溶液，出现白色沉淀

加入稀硝酸，沉淀不溶解

图1-1 水中残留氯离子的检验

定量分析是测定物质中有关组分的相对含量，研究的是“有多少”的问题。例如，牛奶不仅能够为人体补充优质的蛋白质，还能为人体提供丰富的钙质，牛奶中蛋白质和钙含量的测定参见图 1-2。

“凯氏定氮法”测蛋白质

滴定法测钙离子

图 1-2　牛奶中蛋白质和钙含量的测定

结构分析是指研究物质的结构(化学结构、晶体结构、空间分布)和存在形态(价态、配位态、结晶态)，及其与物质性质之间的关系等。物质的结构分析在科学研究院(所)和高校应用更为广泛。例如，石墨与金刚石都由碳原子构成，如图 1-3 所示，但是它们的性质差异却很大。

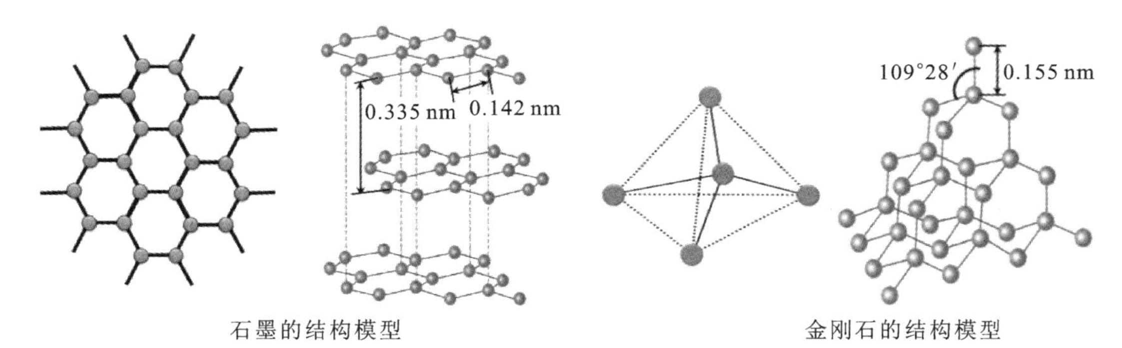

石墨的结构模型　　　　金刚石的结构模型

图 1-3　石墨与金刚石的结构模型

2. 分析化学的作用

分析化学有极高的实用价值，为人类物质文明的进步做出了重要贡献，广泛地应用于地质普查、矿产勘探、冶金、化学工业、能源、农业、医药、临床化验、环境保护、商品检验、考古分析、法医刑侦鉴定等领域。人们常说分析化学是工农业生产的“眼睛”和“前哨”，是科学研究的“参谋”。例如，农业生产中，土壤中含有哪些营养元素，施用哪种化肥，适合种植哪种农作物，农产品农药残存量检测等都以分析检验结果作为重要依据；工业生产中，原材料的选择、工艺流程的控制、成品的检验、新产品的试制，以及“三废”的综合利用都需要分析检验；环境保护方面，采用分析化学方法对大气、水、土壤中的有害物质进行监测和治理；体育竞赛中，采用分析化学方法可以检验运动员是否服用兴奋剂；法医刑侦鉴定时，通过分析测定现场遗留头发中的微量元素含量，就可以判断头发主人的信息。

3. 分析化学的特点

(1) 分析化学中突出“量”的概念。如测定的数据不可随意取舍;数据准确度、偏差大小与采用的分析方法有关。

(2) 分析试样是一个获取信息、降低系统不确定性的过程。

(3) 实验性强。强调动手能力,培养实验操作技能,提高分析并解决实际问题的能力。

(4) 综合性强。涉及化学、生物、电学、光学、计算机等,体现能力与素质的综合性要求。

三、分析方法的分类

分析化学的分类方法有很多,除按任务分为定性分析、定量分析和结构分析外,还可以根据对象、试样用量、被测组分含量、测定原理和操作方法等进行分类。

1. 无机分析和有机分析

无机分析的对象是无机物,通常要求检定物质的组成和测定各组分的相对含量。有机分析的对象是有机物,有机物的组成元素种类不多,但结构复杂,包括元素分析、官能团分析、组分含量分析等。

2. 常量、微量和半微量分析

按分析时试样用量的多少,分析方法分为常量分析、半微量分析和微量分析,其固体试样量及试液体积分列如下:

常量分析	0.1 g 以上	10 mL 以上
半微量分析	0.01～0.1 g	1～10 mL
微量分析	0.001～0.01 g	0.01～1 mL

3. 常量组分、微量组分和痕量组分分析

按被测组分含量(质量分数)的多少,分析方法可以分为:

常量组分分析	1%以上
微量组分分析	0.01%～1%
痕量组分分析	0.01%以下

4. 化学分析法和仪器分析法

按测定原理和操作方法,分析方法可分为化学分析法和仪器分析法。

1) 化学分析法

化学分析法是以物质的化学计量反应为基础的分析方法。由于采取的具体测定方法不同,化学分析法又分为滴定分析法和称量分析法。

(1) 滴定分析法:将一种已知准确浓度的试剂溶液滴加到待测物质的溶液中,直到所加试剂恰好与待测组分反应完全,根据所加试剂的浓度和体积计算出待测组分的含量,又称为容量分析法。滴定分析常用仪器见图 1-4。

(2) 称量分析法:通过物理或化学反应,将试样中待测组分以某种形式与其他组分分

分析天平

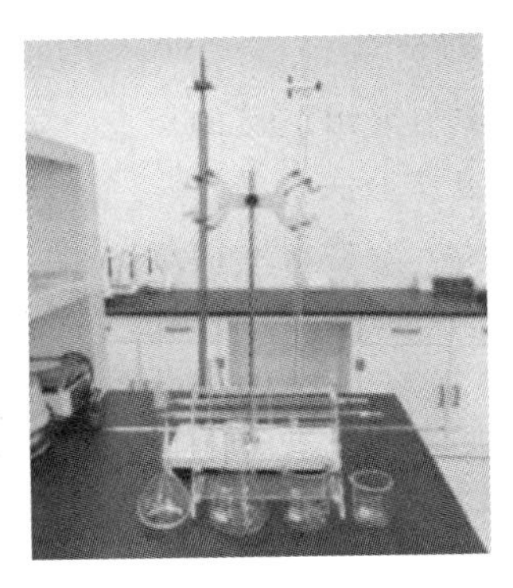

滴定分析常用玻璃仪器

图 1-4 滴定分析常用仪器

离，以称量的方法称得待测组分或它的难溶化合物的质量，计算出待测组分在试样中的含量，又称为重量分析法。例如，测定工业煤中的水分含量，就是将一定质量的煤样在规定温度下加热使水分逸出，由煤样减少的质量计算水分含量，称为气化法；测定试样中硫酸盐含量时，在试液中加入过量氯化钡($BaCl_2$)溶液，使硫酸根离子(SO_4^{2-})与钡离子(Ba^{2+})结合生成硫酸钡($BaSO_4$)沉淀，然后经过滤、洗涤、烘干、灼烧后，称量 $BaSO_4$ 的质量，即可计算试样中 SO_4^{2-} 的含量，称为沉淀法。

滴定分析法和称量分析法是经典的化学分析法，通常用于试样中常量组分(质量分数为 1%以上)的测定。其中，滴定分析仪器简单、操作简便、结果准确，应用较广泛；称量分析准确度较高，但操作烦琐费时，目前应用较少。

2）仪器分析法

仪器分析法是以物质的物理或化学性质为基础的分析方法，这类方法需要借助特殊的仪器进行测量。仪器分析法包括光化学分析、电化学分析、色谱分析、质谱分析法等。常用的分析仪器有酸度计、分光光度计、气相色谱仪等，见图 1-5。

酸度计

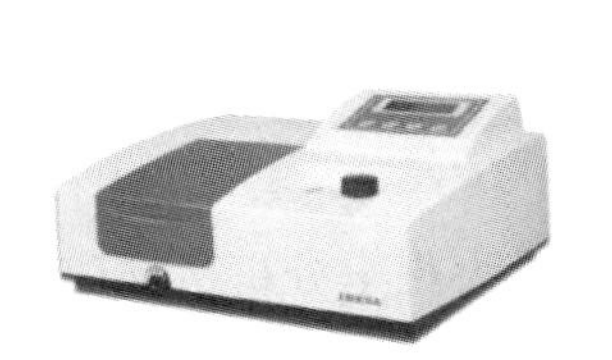

分光光度计

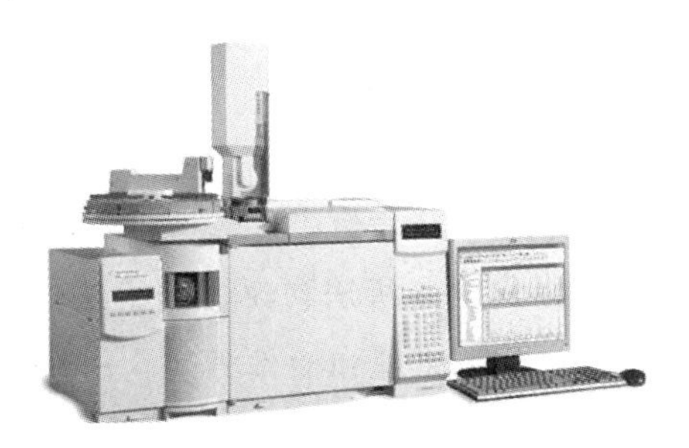

气相色谱仪

图 1-5 仪器分析法常用设备

仪器分析法的优点是迅速、灵敏、操作简便，能测定含量极低的组分，但是仪器分析法是以化学分析法为基础的，如试样预处理、标样制备、方法准确度的校验等，都需要化学分析来完成。因此，仪器分析法和化学分析法密切配合、相互补充。

5. 例行分析和仲裁分析

例行分析是指一般化验室对日常生产原材料或产品所进行的分析，又称为常规分析。一般允许分析误差可较大一些。

仲裁分析又叫裁判分析，指不同单位对同一物质的分析结果有争议时，由仲裁单位按指定方法进行裁决的分析，要求有较高的准确度。

四、定量分析的一般步骤

定量分析的任务是测定物质中有关组分的相对含量。完成一项分析任务，一般要经过以下步骤。

1. 采样与制样

按一定规则，从原始物料中取得分析试样的过程，称为采样。工业生产中的原始物料包括原料、辅助材料、中间产品、产品、副产品及生产过程中的废物等，可以是固体、液体或气体。对采集的原始试样进行一系列的加工处理，缩减试样量，并使之成为组成均匀、适用于分析检测的分析样品的过程，称为制样。试样采集与制备主要过程见图 1-6。

采样

破碎

筛分

混匀

缩分

图 1-6　试样采集与制备主要过程

合理的试样采集与制备是保证分析结果准确可靠的基础，有关国家（行业）标准对不同分析对象的样品采集与制备都有明确的规定。

2. 试样的分解

在实际分析工作中，通常要先将试样分解，把待测组分定量转入溶液后再进行测定。

根据试样的性质和测定方法的不同，常用的分解方法有溶解法和熔融法。溶解法是采用适当的溶剂，将试样溶解后制成溶液，常用的溶剂有水、酸和碱等。熔融法是将试样与酸性或碱性熔剂混合，在高温下反应，使试样组分转化为易溶于水或酸的化合物。

在分解试样的过程中，应遵循以下几个原则：

(1) 在分解试样的过程中，待测组分不能有损失；

(2) 不能引入待测组分和干扰物质；

(3) 分解试样最好与分离干扰物质相结合；

(4) 试样的分解必须完全；

(5) 分解方法与测定方法相适应；

(6) 根据溶(熔)剂不同选择适当器皿。

3. 测定

根据被测组分的性质、含量、结果准确度的要求以及实验室现有条件，参照相关的国家标准或行业标准，选择合适的方法进行测定。

4. 计算并报告分析结果

根据测定的有关数据计算出组分的含量，进行分析判断，并填写分析实验报告。

目标检测

一、单项选择题

1. 化学检验人员的职业守则最重要的内涵是(　　)。

A. 爱岗敬业，工作热情主动

B. 认真负责，实事求是，坚持原则，一丝不苟地依据标准进行检测和判定

C. 遵守劳动纪律

D. 遵守操作规程，注意安全

2. 化学检验人员必备的专业素质是(　　)。

A. 语言表达能力　　B. 社交能力　　C. 较强的颜色分析能力

D. 良好的嗅觉和辨味能力

3. 为了保证检验人员的技术素质，可从(　　)方面进行控制。

A. 学历、技术职务或技能等级、实施检验人员培训等

B. 具有良好的职业道德行为规范

C. 学历、技术职务或技能等级

D. 实施有计划和有针对性的培训

4. 违背检验工作规定的选项是(　　)。

A. 在分析过程中经常发生异常现象属于正常情况

B. 分析检验结论不合格时，应第二次取样复检

C. 分析的样品必须按规定保留一份

D. 所用的仪器、药品和溶液必须符合标准规定

5.不属于化学检验人员应具备的能力的选项是(　　)。

A. 正确选择和使用分析中常用的化学试剂

B. 制定标准分析方法

C. 使用常用的分析仪器和设备

D. 对常用分析仪器具有一定的维护能力

二、判断题

1. 化学检验人员职业道德的基本要求包括忠于职守、钻研技术、遵章守纪、团结互助、勤俭节约、关心企业、勇于创新等。(　　)

2. 经安全生产教育和培训的人员可上岗作业。(　　)

3. 我国企业产品质量检验可用合同双方当事人约定的标准。(　　)

4. 分析化学中的定量分析是确定物质由哪些组分组成。(　　)

5. 分析化学中被测组分含量大于1%(质量分数)时,称为常量分析。(　　)

三、简答题

1. 分析化学的主要任务是什么?在国民经济建设中有何作用?
2. 分析方法分类的依据是什么?如何分类?
3. 进行化学分析有哪些步骤?

阅读材料

职教兴国,技能兴邦

职业教育是国民教育体系和人力资源开发的重要组成部分。进入新时代,以习近平同志为核心的党中央把加快发展现代职业教育摆在更加突出的位置,强化顶层设计,加大支持力度,推动产教融合,逐步形成了具有中国特色、世界水平的现代职业教育体系。2021年4月,习近平总书记对职业教育工作作出重要指示,强调"在全面建设社会主义现代化国家新征程中,职业教育前途广阔、大有可为"。习近平总书记提出要加快构建现代职业教育体系,培养更多高素质技术技能人才、能工巧匠、大国工匠。

职业教育是培养技术技能人才,促进就业、创业、创新,推动中国制造和服务实现高质量发展的重要基础。随着我国进入新的发展阶段,产业升级和经济结构调整不断加快,各行各业对技术技能人才的需求越来越迫切,职业教育的重要地位和作用越来越凸显。培养规模巨大的高素质技能人才队伍,让教育链、人才链与产业链、创新链有机衔接,能为建设现代化经济体系、实现高质量发展提供有力支撑。

任务 2　认识分析化学实验室

任务目标

◆ **知识目标**

1. 了解分析化学实验室对环境的要求；
2. 了解企业分析检验岗位的职责；
3. 了解化学分析常用器皿的种类与用途；
4. 掌握分析化学实验室安全守则及安全常识。

◆ **能力目标**

1. 能正确认识化学分析常用器皿的种类及用途；
2. 能遵守分析化学实验室安全守则，掌握分析化学实验室安全常识。

◆ **素养目标**

培养学生职业认知，增强职业安全意识。

情景导入

实验室事故案例

2018 年 12 月 26 日，北京某大学市政与环境工程实验室（以下简称环境实验室）发生爆炸燃烧，事故造成 3 人死亡。经事故调查组认定，这是一起责任事故。

2018 年 2 月至 11 月期间，该大学土木建筑工程学院市政与环境工程系某教授先后开展垃圾渗滤液硝化载体相关实验 50 余次。11 月至 12 月期间，该教授购买了 30 桶镁粉（1 t，易制爆危险化学品）、6 桶磷酸（0.21 t，危险化学品）、6 袋过硫酸钠（0.2 t，危险化学品）以及其他材料。事发项目所用镁粉运送至环境实验室，存放于综合实验室西北侧，磷酸和过硫酸钠运送至环境实验室，存放于模型室东北侧。12 月，该教授带领 7 名学生尝试使用搅拌机对镁粉和磷酸进行搅拌，生成了镁与磷酸镁的混合物。12 月 26 日上午 9 时许，6 名学生按照该教授安排陆续进入实验室，准备重复 24 日下午的操作，不久后实验室发生爆炸。

事故发生后，爆炸及爆炸引发的燃烧造成一层模型室，综合实验室和二层水质工程学Ⅰ、Ⅱ实验室受损。实验中产生的火花点燃爆炸，继而引发镁粉粉尘云爆炸，爆炸引起周边镁粉和其他可燃物燃烧，造成现场 3 名学生死亡。经查，实验室违规开展实验、冒险作业，违规购买、违法储存危险化学品，对实验室和科研项目安全管理不到位是造成此次事故的重要原因。

说一说

☆ 此次事故发生前可以看出该实验室存在什么安全隐患？从中我们得到什么警示？

学习资料

分析化学实验室主要承担分析化学实验，分析化学实验是化学专业必修的基础课程之一，是分析化学不可分割的重要组成部分，学好分析化学实验可为将来从事化学分析工作打下坚实的基础。通过开展分析化学实验，学生能加深理解和巩固所学的理论知识，正确熟练地掌握化学分析和仪器分析的基本操作和技能。分析化学实验室一般包括理化实验室、精密仪器室、天平室、加热室、纯水室、药品室等。

一、分析化学实验室环境要求

分析化学实验室是分析化学工作者进行科学实验、将理论联系实际、训练基本操作、培养良好工作习惯的场所。为了使实验室满足各项实验的需要、确保分析检测的质量，在设计时需要明确对实验室环境的要求。

1. 通风

实验室经常由于实验时间长以及实验过程中产生一些有害气体，空气变得污浊，对人体不利。为了防止实验室工作人员吸入或咽入一些有毒的、可致病的或毒性不明的化学物质和有机气体，实验室应有良好的通风条件，必要时应设空调。

通风设备有通风橱、通风罩或局部通风装置，见图 2-1。有机溶剂前处理和使用电炉进行前处理的通风橱应分别布置在不同的实验室，局部通风装置和通风罩必须具有足够的功率，否则难以满足实际工作中的使用要求。

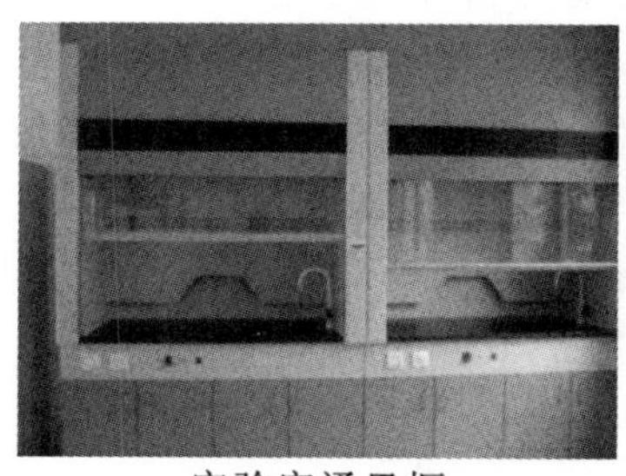

实验室通风橱

实验台通风罩

图 2-1 分析化学实验室常见通风设备

2. 温度和湿度

实验室要求有适宜的温度和湿度。室内的小气候，包括温度、湿度和气流速度等，对在实验室工作的人员和仪器设备有影响。应将温度控制在(25±5)℃，室内相对湿度应保持在 40%～70%。除了特殊实验外，温度和湿度对大多数理化实验影响不大，但是天平室和精密仪器室应根据需要对温度和湿度进行控制。

3. 洁净度

实验室外大气中的尘埃，借助通风换气过程会进入实验室，使得实验内空气含尘量过高，影响检测结果。尘埃微粒落在仪器设备的元件表面，可能使仪器设备发生故障，甚至造成短路或产生其他潜在危险。因此，实验室需经常清扫，保持干净、整洁。

4. 供水、排水与排污

实验室都应有供排水装置，排水装置最好用聚氯乙烯管，接口焊接好。化学检验实验台应安装水龙头、水槽等，实验室的一般废水无须处理就可排入城市下水网道，有害废水必须经净化处理后才能排入下水网道。现代化的大型实验室都应建设配套的污水处理站，实验室的一般废水无须处理就可排入污水处理站进行处理，高浓度的酸碱废水应先中和处理后再排入污水处理站。

实验室的供水有自来水和实验用纯水，实验室应安装纯水处理装置，保障实验室用水，并在实验室纯水终端加装超纯水处理装置，满足精密仪器用水要求。

5. 供电

电力是实验室的重要动力，为保障实验室的正常工作，电源的质量、安全可靠性及连续性必须保证。一些分析仪器的功率很高，如石墨炉原子吸收分光光度计的最大瞬时功率可达 7000 W，电路承受能力也必须得到保证。工作时一般用电和实验用电必须分开；对一些精密、贵重仪器设备，要求提供稳压、恒流、稳频、抗干扰的电源；必要时须建立不中断供电系统，还要配备专用电源，如不间断电源(UPS)等。

6. 供气与排气

精密分析仪器(如气相色谱仪、原子吸收分光光度计、原子荧光光谱仪等)会使用高纯气体，实验室使用的压缩气体钢瓶应保持最少的数量，必须牢牢固定，或用金属链拴牢，绝不能在靠近火源、阳光直射、高温房间等温度可能升高的地方使用。有条件的可设置专门的气瓶室，气瓶通过管路连接仪器。

实验室的废气处理要根据实际气体排放量及气体的性质而定。如果量少且无害，可直接排出室外，要求排出管必须高出附近楼顶 3 m 以上；如果毒性较大或排放量较多，可参考工业废气处理方法(如吸附、吸收、氧化、分解等)来处理。如果实验室不在最高的楼层，废气必须采用专用管道从楼顶排放。

7.其他要求

实验室应避免阳光直射，隔音、防震、防尘、防腐蚀、防磁与屏蔽等方面的环境条件应符合在室内开展的实验或检测仪器设备对环境条件的要求，室内采光应利于检测工作的进行。

二、企业分析检验岗位职责

分析检验作为企业质量管理体系中的一个重要环节，在生产企业中具有重要作用。分析检验岗位是对产品生产过程中的质量进行把关、控制、监督，主要职责如下。

1. 分析检验

企业的产品质量是否合格关乎企业的生存与发展。质量验证的途径就是对产品进行分析检验。按照企业的质量管理要求，分析检验涉及生产中的原料、辅料、中间产品、成品等。分析检验工作见图 2-2。

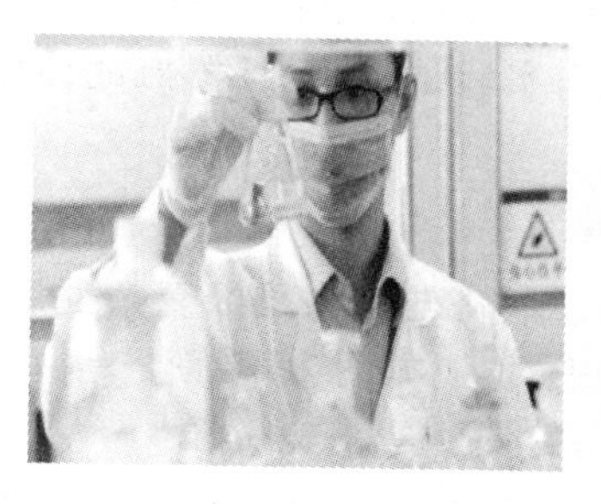

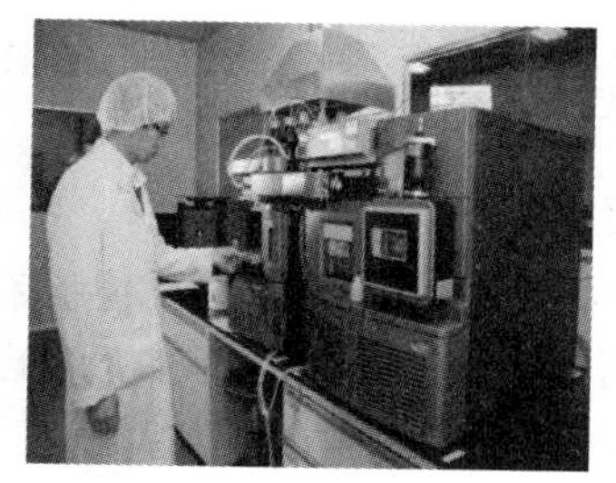

图 2-2 分析检验工作图

检验过程中要及时填写检验记录，检验记录必须按具体操作如实填写，页面字迹应清晰、整洁，不得随意涂改。

2. 取样和留样

对产品生产中的原料、辅料、中间产品、成品都应按各物料取样规程进行取样，见图 2-3。取样过程要规范，确保样品具有代表性，取样结束后，如实、规范填写样品取样记录，并把留样放到留样室，见图 2-4。

图 2-3 取样工作图

图 2-4 样品留样室

3. 出具检验报告

检验报告的出具要严格按照检验记录数据进行，不得随意涂改，检验员应对检验数据进行核实，保证数据的真实性。将填写完整的检验报告交予相关部门负责人。

4. 校准和标定

负责检测项目中所使用的各种试剂、标准溶液的配制工作，确保试剂、标准溶液的有效性，定期对标准溶液进行标定，确保其浓度的准确性，用标准样品加以验证，并做好相关记录。定期对分析检测中使用的器皿进行校准，及时淘汰不符合使用要求的器皿。

5. 其他

负责实验室物料、试剂等的领取、使用、保管等管理工作；对实验室的环境进行监控，

及时处理或消除存在的隐患；确保实验室的干净整洁，对使用的分析仪器进行日常维护和保养；配合质量管理部门维持好质量管理体系，做好质量控制等。

三、化学分析常用器皿

进行分析化学实验，离不开各种器皿。熟悉它们的规格、性能、使用方法和保管方法，对于实验操作、顺利完成实验、准确及时地报出实验结果、延长器皿的使用寿命和防止意外事故的发生，都是十分必要的。

1. 玻璃仪器

玻璃是多种硅酸盐、铝硅酸盐、硼酸盐和二氧化硅等物质的复杂混熔体，具有良好的透明度、化学稳定性和耐热性，还具有价格低廉、加工方便、适用面广等一系列可贵的性质和实用价值。因此，分析化学实验中大量使用的仪器是玻璃仪器。

玻璃仪器种类繁多，除了专业实验室使用的特殊玻璃仪器外，通常分析化学所使用的玻璃仪器按照用途大体可分为容器类、量器类和其他器皿类。

容器类包括烧杯、锥形瓶、试剂瓶等；量器类包括量筒、移液管、滴定管、称量瓶等；其他器皿类包括干燥器、漏斗、标准磨口玻璃仪器等。

常用玻璃仪器的规格、用途及使用注意事项见表 2-1。

表 2-1 常用玻璃仪器

名称	主要规格	一般用途	使用注意事项
烧杯	容量（mL）：10，50，100，250，500，1000，2000	配制溶液；溶解试样；进行反应；加热、蒸发	加热前先将外壁水擦干，不可干烧；反应液体不超过容积的 2/3，加热液体不超过容积的 1/3
锥形瓶（三角烧瓶）	有无塞、具塞等种类。 容量（mL）：50，100，250，300，1000，2000	加热；处理试样；作为反应容器（可避免液体大量蒸发）；作为滴定的容器	磨口瓶加热时要打开瓶塞；滴定时，所盛溶液应超过容积的 1/3；其他同烧杯
广口瓶 细口瓶 试剂瓶	有广口和细口、磨口和非磨口、无色和棕色等种类。 容量（mL）：125，250，500，1000，2500，10000	广口瓶盛放固体试剂；细口瓶盛放液体试剂或溶液；棕色瓶用于盛放见光易分解挥发的不稳定试剂	不可加热；磨口塞应配套，存放碱液的试剂瓶应用胶塞；不可在瓶内配制热效应大的溶液；必须保持试剂瓶上标签完好，倾倒液体试剂时，标签要对着手心

续表

名称	主要规格	一般用途	使用注意事项
滴瓶	有无色和棕色两种，滴管上配有胶帽。 容量（mL）：30，60，125	存放需要滴加的试剂	滴管不可吸得太满，也不可倒置，防止液体进入胶帽；滴管应专用，不得互换使用；滴液时滴管要保持垂直，不可使滴管接触受液容器内壁
碘量瓶	有配套的磨口塞。 容量（mL）：50，100，250，500，1000	与锥形瓶相同，可用于防止液体挥发和固体升华的实验	为防止瓶中物质挥发，瓶口用水封；其余同锥形瓶
容量瓶	有配套的磨口塞，有A级和B级、无色和棕色等种类。 容量（mL）：10，50，100，250，500，1000，2000	准确配制一定体积的溶液	瓶塞配套，不可互换；不可烘烤、加热；不可长期贮存溶液；长期不用时在瓶塞与瓶口间夹上纸条
量筒	容量（mL）：5，10，25，50，100，250，500	粗略量取一定体积的溶液	不可加热，不可量取热的液体；不可作为反应容器，也不可用来配制或稀释溶液；加入或倾出溶液应沿其内壁
吸量管（刻度吸管）	容量（mL）：1，2，5，10，15，25，50	准确移取一定体积的溶液	不可放在烘箱中烘干，更不可用火加热烤干；用完立即洗净；不可磕破管尖及上口

续表

名称	主要规格	一般用途	使用注意事项
移液管	容量(mL):1,2,5,10,15,25,50,100	准确移取一定体积的溶液	不可放在烘箱中烘干,更不可用火加热烤干;用完立即洗净;不可磕破管尖及上口
酸式滴定管 碱式滴定管 滴定管	滴定管为量出式量器,分为酸式滴定管(配玻璃活塞)、碱式滴定管(胶管有玻璃珠)、酸碱两用滴定管(聚四氟乙烯活塞)。 容量(mL):25,50,100	准确测量滴定时溶液的流出体积	酸式滴定管的活塞不可互换;酸式滴定管不宜装碱性溶液,碱式滴定管不可装氧化性溶液;不可长期存放碱性溶液
称量瓶	分扁型和高型。 外径(mm)×瓶高(mm): 高型:30×50,30×60,40×70; 扁型:35×25,40×25,60×30	高型用于称量试样、基准物;扁形用于在烘箱中干燥试样、基准试剂与测定物质的水分	瓶盖是磨口配套的,不可互换;不可盖紧瓶盖烘烤;称量时不可用手直接拿取,应戴手套或用洁净纸条夹取;不用时洗净,在磨口处垫上纸条
干燥器	分无色和棕色、普通和真空。 上口直径(mm):160,240,300	存放试剂,防止吸湿;在定量分析中将灼烧过的坩埚放在其中冷却	磨口部分涂适量凡士林;不可放入红热物体,放入红热物体后要开盖数次,放走热空气,防止形成负压而打不开干燥器;干燥剂应有效,失效的干燥剂要及时更换;真空干燥器接真空系统抽去空气,干燥效果更好

续表

名称	主要规格	一般用途	使用注意事项
漏斗	有短颈、长颈、粗颈、无颈、直渠、弯渠等种类。 上口直径(mm):60,70,80,100,120	过滤沉淀,作为加液器;粗颈漏斗可用来转移固体试剂	不可用火焰直接烘烤,过滤的液体也不能太热;过滤时漏斗颈尖端要紧贴承接容器的内壁
滴液漏斗 分液漏斗	有球形、锥形、梨形、筒形(无刻度、有刻度)等规格。 容量(mL):50,125,250,500	两相液体分离;液体洗涤和萃取富集;作为制备反应中的加液器	不可用火焰直接加热;活塞不能互换;进行萃取时,振荡初期应放气数次;滴液加料到反应器中时,下尖端应在反应液下面
酒精灯	容量(mL):100,150,200	实验室常用加热仪器	点灯要使用火柴,不可用燃着的酒精灯点燃另一盏酒精灯,不可向燃着的酒精灯中加酒精;熄灭酒精灯,应用灯帽盖灭,切忌用嘴吹。盖灭后还应将灯帽提起一下

2. 其他器具

常用的其他器皿和用具的规格、用途及使用注意事项见表2-2。

表2-2 常用的其他器皿和用具

名称	主要规格	一般用途	使用注意事项
坩埚	有瓷、石墨、铁、镍、铂等材质制品。 容量(mL):30,50,100	熔融或灼烧固体,高温处理样品	根据灼烧物质性质选用不同材质的坩埚;耐高温,可直接用火加热,但不宜骤冷;铂制品使用要遵守专门规定

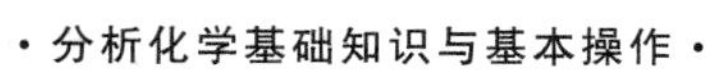

续表

名称	主要规格	一般用途	使用注意事项
蒸发皿	有平底与圆底、带柄与不带柄等种类；有瓷、石英、铂等材质。 容量(mL)：30，60，100	蒸发或浓缩溶液，也可作为反应器及用来灼烧固体	可耐高温，但不宜骤冷；一般放在铁环上直接用火加热，但须在预热后再提高加热强度
研钵	有玻璃、瓷、铁、银、玛瑙等材质。 口径(mm)：60，75，150，200	混合、研磨固体物质	不可作反应器，放入物质量不超过容积的1/3；根据物质性质选用不同材质的研钵；易爆物质只能轻轻压碎，不可研磨
三脚架	铁制品	放置加热器	放置必须受热均匀的受热器前，应先垫上石棉网；保持平衡
石棉网	由铁丝编成，涂上石棉层，有大小之分	承放受热容器，使其加热均匀	不要浸水或扭拉，以免损坏石棉；石棉是致癌物质，已逐渐被高温陶瓷代替
泥三角	由铁丝编制，上套耐热陶瓷管	直接加热时用以承放坩埚或小蒸发皿	灼烧后不要沾上冷水，保护瓷管；在选择泥三角时，应使坩埚露在上面的部分不超过本身高度的1/3
坩埚钳	由铁或铜合金制成，表面镀铬	夹取高温下的坩埚或坩埚盖	必须先预热再夹取

续表

名称	主要规格	一般用途	使用注意事项
药匙	有塑料、不锈钢、牛角等材质	取固体试剂	根据实际选用大小合适的药匙，取用量很少时，用小端；用完后洗净擦干，再去取另外一种药品
铁架台、铁夹	铁架台为铁制品； 铁夹又称自由夹，有十字夹、万用夹等，有铁质，也有铝质、铜质	固定仪器或放置容器，铁环可代替漏斗架使用	固定仪器时，应使装置的重心落在铁架台底座中部，保持稳定；夹持仪器不宜过紧或过松，以仪器不转动为宜
洗瓶	塑料材质； 容量(mL)：250，500	贮存纯水，用于洗涤器皿	不可加热

四、化学实验室安全守则及安全常识

1. 化学实验室安全守则

为保证实验的顺利进行并能得到正确的分析结果，在实验室进行实验时，必须遵守以下规则：

（1）实验前做好预习工作，明确实验目的和要求，领会实验原理，透彻地了解实验内容、各步操作和所用试剂的作用，写出实验预习报告及记录表格，安排好实验顺序。

（2）严禁携带任何食品、饮料进入实验室。进入实验室后，检查工位上的仪器、物品，如发现仪器损坏、缺失，立即报告老师，并找实验管理员登记后领取新的物品。整理好物品，做好实验前的准备工作。

（3）认真学习和领会分析化学实验室安全常识，实验时遵守操作规程，采取一切必要措施以防事故发生，随时做好水、电、煤气、门、窗等各方面的安全工作，保证实验安全。

（4）爱护仪器设备，对不熟悉的仪器设备应先仔细阅读仪器使用说明或操作规程，听从老师指导。未经允许不可随意动手操作，以防损坏仪器设备。严禁擅自移动实验室中的仪器设备。

(5) 实验中，要认真操作、仔细观察，如实地将原始数据和实验现象及时、准确地记录在专用的实验记录本上，不允许随意删除、更改数据，更不允许伪造数据。

(6) 公用试剂用完后及时放回原处。每次使用药品时，先看清标签再取用，严禁向试剂瓶回倒试剂。使用会产生有毒有害气体的试剂时，应在通风橱中进行。

(7) 实验室应保持室内干净、整齐。水槽应保持清洁，严禁将碎玻璃、纸片、火柴杆等废弃物扔入水槽内，以防堵塞下水管。废酸和废碱应按要求处理，切勿直接倒入水槽，以免腐蚀下水管。

(8) 实验中应注意节约实验原材料，爱护仪器。实验中损坏仪器或器皿，应及时向老师汇报，找实验管理员登记，领取新的器皿或仪器。实验室内的一切物品，均不得带离实验室。

(9) 实验过程中，遵守实验室各项制度，尊重老师的指导及实验管理员的职权和劳动，严禁喧哗打闹，保持良好、安静的实验环境。

(10) 非本实验规定的内容，未经老师允许，不得任意乱做；非本实验所用的仪器、药品不得随意乱动。实验过程中，未经老师许可，不得擅自离开实验室。

(11) 实验完毕，应将仪器洗净放回原处，整理好试剂架和台面，经指导老师批准后方可离开。值日生负责整理公用试剂和仪器，打扫实验室卫生，清理实验后的废物，检查水、电开关，关好门、窗等。

2. 化学实验室安全常识

在分析化学实验中，经常使用腐蚀性的、易燃的、易爆炸的或有毒的化学试剂，以及大量易破损的玻璃仪器、精密分析仪器、气瓶、水、电等，为确保实验工作的正常进行和人身安全，应对一般安全知识有所了解，并严格遵守实验室安全守则。

(1) 进入实验室后首先要熟悉实验室及周围的环境，记住电闸、水闸、灭火器的位置及其正确使用方法。

(2) 实验室内严禁饮食、吸烟，禁止将食品、饮料带进实验室，禁止一切化学药品入口，禁止将实验器皿用作食具，离开实验室时要仔细洗手，若曾使用过有毒的试剂，还应漱口。

(3) 使用电气设备时，应特别细心，切不可用湿润的手去触碰电闸和电气设备的开关，凡是漏电的仪器不要使用，以免触电。

(4) 水、电、气瓶使用完毕后，应立即关闭。离开实验室时，应仔细检查水、电、气瓶、门、窗是否均已关好。

(5) 许多氧化剂、还原剂，如氯酸钾与硫黄等，不可在一起研磨，绝对不允许随意混合各种化学试剂，以免发生意外事故。

(6) 不要俯向容器去嗅放出气体的气味，应将面部远离容器，并用手将容器口逸出的气体慢慢扇向鼻孔。一切涉及有刺激性或有毒气体(如硫化氢、氢氟酸、氯气、一氧化碳、二氧化氮、二氧化硫等)的实验，必须在通风橱内进行。

(7) 浓酸、浓碱具有强烈的腐蚀性，切勿溅在皮肤、衣服或鞋袜上，更应注意保护眼睛。使用浓硝酸、浓盐酸、浓硫酸、浓高氯酸、浓氨水、液溴、浓过氧化氢时，均应在通风橱中操作，绝不允许在实验室加热。夏天打开浓氨水瓶盖之前，应先将浓氨水瓶放在流动水下冷却后，再开启。稀释浓硫酸时，应将浓硫酸慢慢地加入水中，并不断搅拌，切不可把水加入浓硫酸中，以免酸液溅出，引起灼伤。

(8) 使用四氯化碳、乙醚、苯、丙酮、三氯甲烷等有机溶剂时，一定要远离火焰和热源。使用完后将试剂瓶塞严，放在阴凉处保存。用过的试剂应倒入回收瓶中，不要倒入水槽中。低沸点的有机溶剂不能直接在火焰上或热源(煤气灯或电炉)上加热，而应采用水浴加热。

(9) 热的浓高氯酸遇到有机物常易发生爆炸。如果试样为有机物，应先用浓硝酸加热，使之与有机物发生反应，待有机物被破坏后，再加入高氯酸。蒸发高氯酸所产生的烟雾易在通风橱中凝聚，经常使用高氯酸的通风橱应定期用水冲洗，以免高氯酸的凝聚物与尘埃、有机物作用，引起燃烧或爆炸，造成事故。

(10) 汞盐、钡盐、重铬酸盐等为有毒物品，砷化物、氰化物则为剧毒物品，使用时应特别小心。特别是氰化物不能在酸性介质中使用，因为它与酸作用时产生有剧毒的氰化氢。含氰化物的废液应倒入碱性亚铁盐溶液中，使其转化为亚铁氰化铁盐类，然后作废液处理，严禁直接倒入下水道或废液缸中。

(11) 一切需要加热的实验都要注意防止烫伤，如发生烫伤，可在烫伤处抹上黄色的苦味酸溶液或烫伤软膏。严重者应立即送医院治疗。

(12) 如发生割伤，应立即取出伤口内的玻璃碎片，并用水洗净伤口，涂以碘伏，或用创可贴贴紧，严重者需立即送医院治疗。

(13) 实验室如发生火灾，应根据起火的原因有针对性地灭火。酒精、丙酮、松节油等有机物及其他可溶于水的液体着火时，可用水灭火；金属钠及汽油、乙醚等有机溶剂着火时，用砂土扑灭，绝对不能用水，否则会扩大燃烧面；导线或电器着火时，不能用水及二氧化碳灭火器灭火，而应首先切断电源，预防触电，再用四氯化碳灭火器灭火；衣服着火时，切忌奔跑，而应就地躺下滚动，或用湿衣服在身上抽打灭火。根据火情决定是否要向消防部门报告。

(14) 如遇汞泄漏，应立即用滴管或毛笔尽可能将汞拾起，然后用锌皮接触，生成合金而消除之，再撒上硫黄粉，使汞与硫反应，生成不挥发的硫化汞，最后清扫干净，并集中作固体废物处理。

说一说

☆ 所有的分析化学实验室都必须配备水源吗？

☆ 企业检验员在检测过程中，如检验出的样品指标异常，应该如何处理？

☆ 化学分析常用的器皿中哪些能加热？加热方式是什么？

☆ 如在实验过程中发现有安全隐患，应该如何处理？

目标检测

一、单项选择题

1. 电气设备火灾宜用(　　)灭火。

A. 水　　B. 泡沫灭火器　　C. 干粉灭火器　　D. 湿抹布

2. 以下哪个不是分析检验岗位的职责？(　　)

A. 取样　　B. 检测产品　　C. 配制标准溶液　　D. 采购原材料

3. 以下行为违反实验室守则的是(　　)。

A. 实验前做好预习,理解内容后再实验　　B. 实验中产生的纸屑丢入垃圾桶

C. 实验结束后清洗整理使用过的器皿　　D. 在实验室中吃零食

4. 以下器皿能直接加热的是(　　)。

A. 烧杯　　B. 锥形瓶　　C. 试剂瓶　　D. 蒸发皿

5. 在实验室中如果不小心烧伤,不应该将烧伤处(　　)。

A. 用冰块冷敷　　B. 涂獾油　　C. 用消毒棉包扎　　D. 水泡挑破

二、判断题

1. 在使用天平时,若光线不好,可以把天平搬到亮度较好的位置,再进行称量。(　　)

2. 分析人员在接到试样后,由于在接收试样时已进行了查验,分析人员可以不再查验试样。(　　)

3. 在天平室使用完天平后,填写设备使用记录,清理台面,将设备恢复原样后再离开。(　　)

4. 用坩埚钳直接夹出加热结束的坩埚。(　　)

5. 对分析台面材料的要求是,耐酸碱、耐溶剂腐蚀、耐热,本身不易破碎且不易碰碎玻璃仪器,易擦洗等。(　　)

6. 因需要更换电源线或电器的熔断器时,要查明原因,排除故障,换上相应负荷的熔断器。如果没有合适的熔断器,可用铜线、铝线等金属线代替。(　　)

三、简答题

1. 在实验室中发现安全隐患时,该如何处理?

2. 为什么不能用燃着的酒精灯去点燃另一盏酒精灯?为什么不能在酒精灯燃着时向其中加酒精?

阅读材料

用奋斗照亮多彩青春

姜雨荷是2022年世界技能大赛特别赛化学实验室技术项目金牌获得者。她出生在河南南阳一个农村家庭,2017年由于考试成绩不理想就尝试外出务工,半年多的务工经历让她意识到,掌握一门真正的技术,自己的生活也许会有更多的选择。2018年3月,她再次走进学校,成为河南化工技师学院莘莘学子中的一员。因为理论基础差,她选择了操作性强的化工分析与检验专业,但没想到依然需要学习大量的专业知识。为此,她上课时总是坐在最前排,课后也经常在实验室练习。

2019年5月14日,姜雨荷第一次参加世界技能大赛选拔赛,经过层层考核,她以微弱优势进入了学校化学实验室技术项目集训队,正式开始了她的技能

能大赛征程。她一边虚心向其他优秀选手学习，一边在指导老师的帮助下，巩固强项、弥补不足。在日复一日的练习中，姜雨荷的技能也一步一步精进。

天道酬勤，2022 年 11 月底，世界技能大赛特别赛化学实验室技术项目在奥地利举办，面对陌生的环境和仪器设备，第一次出国比赛的姜雨荷克服了种种困难，获得金牌，实现我国该项目金牌“零”的突破。

任务3　化学试剂管理和实验室用水制备

任务目标

◆ **知识目标**

1. 了解化学试剂的分类、分级与规格、包装及标志；
2. 了解化学试剂的选择及使用注意事项；
3. 掌握化学试剂的保管方法；
4. 了解实验室用水的制备、贮存及质量检验方法。

◆ **能力目标**

1. 能正确认识化学试剂的分类、规格及标志；
2. 能正确选择及使用化学试剂；
3. 能区分实验室用水的制备方法，并进行简单的质量检验。

◆ **素养目标**

培养学生安全保存化学试剂的意识。

情景导入

试剂管理不善引发的安全事故

2011年10月10日，某大学化学化工学院实验楼四楼突发火灾，最终导致过火面积近790 m^2，事故造成直接经济损失近43万元，所幸未造成人员伤亡。起火建筑始建于1960年，建筑结构为砖木结构。经外围调查和现场勘验，消防部门认定，起火部位为化学化工学院理学楼药物反应与分离制备室，起火点为该室里间西侧操作台下南端药剂储柜。

经调查询问证实，火灾当日9时至11时30分，7名学生对该室进行了卫生打扫，用水和洗洁精清洗了玻璃器皿，并用湿抹布擦拭了实验操作台及试剂瓶，多名学生证实西侧操作台下南侧存在漏水现象，而室内存放有三氯氧磷、氰乙酸乙酯、金属钠等遇水自燃物品。当日12时59分，当地消防救援支队指挥中心接到报警，先后调集9个中队、16辆消防车，百余名消防官兵赶赴现场扑救，火灾于14时10分左右得到有效控制，成功保护了四楼东面两个综合实验室、计算机室、两个有机高分子合成室及三楼以下的全部建筑，15时10分，火灾被成功扑灭。消防救援总队经过两天的现场勘验和调查后，认定火灾是由存放在储柜内的化学药剂遇水自燃引起。

据调查，该实验室对实验用危险化学药剂管理不善，没有对未使用完的药剂进行严格管理，未将遇水自燃药剂放置在符合安全条件的储存场所，是火灾发生的直接原因。另外，起火建筑物为砖木结构，屋顶为木质材料，建筑耐火等级低，是火灾迅速蔓延的主要原因。

说一说

☆ 化学试剂管理不善可能会引起哪些问题？

☆ 化学试剂的保存有什么注意事项？

学习资料

一、化学试剂的分类、分级与规格

化学试剂的种类繁多、复杂，各国对化学试剂的分类和分级的标准不尽相同。化学试剂通常根据用途分为标准试剂、一般试剂、高纯试剂和专用试剂。

1. 标准试剂

滴定分析用标准试剂在我国习惯称为基准试剂，是用来衡量其他物质化学量的标准物质。标准试剂的特点是主体成分含量高且准确可靠，一般由大型试剂厂生产，并经过严格的国家标准检验。

2. 一般试剂

一般试剂是实验室使用最普遍的试剂，其规格是以其中所含杂质的多少来划分的，分为优级纯、分析纯、化学纯、实验试剂，见表3-1。

表3-1　一般试剂的分类

级别	中文名称	英文代号	适用范围	标签颜色
一级	优级纯	G.R. Guarantee Reagent	用作基准物质，主要用于精密的科学研究和分析实验	深绿色
二级	分析纯	A.R. Analytical Reagent	用于一般科学研究及分析实验	金光红色
三级	化学纯	C.P. Chemical Pure	用于要求较高的无机和有机化学实验，或要求不高的分析实验	蓝色
四级	实验纯	L.R. Laboratory Reagent	用于一般的实验和要求不高的科学实验	棕色

3. 高纯试剂

高纯试剂的主体成分含量通常与优级纯试剂相当，但杂质含量很低，而且规定的杂质检测项目比优级纯或基准试剂多1～2倍，通常杂质含量控制在10^{-9}～10^{-6}范围内。高纯试剂主要用于微量分析试样的分解及溶液的制备。

高纯试剂多属于通用试剂(如盐酸、高氯酸、氨水、碳酸钠等),除部分高纯试剂执行国家标准外,其他产品一般执行企业标准,称谓也不统一,在产品的标签上常常标为"特优""特纯""超纯",选用时应注意标示的杂质含量是否符合实验要求。

4. 专用试剂

专用试剂是一类具有专门用途的试剂。此类试剂主体成分含量高,杂质含量很低,它与高纯试剂的区别是,在特定的用途中,干扰杂质成分只需控制在不致产生明显干扰的限度以下。

专用试剂种类颇多,如紫外及红外光谱纯试剂、色谱分析标准试剂、薄层分析试剂及气相色谱载体与固定液等。在仪器最高灵敏度(10^{-10} g 以下)下进样分析时,色谱纯试剂无杂质峰。光谱纯试剂的纯度是用光谱分析时出现的干扰谱线的数目及强度来衡量的,即用光谱分析法已测不出杂质或杂质含量低于某一限度。这种试剂主要用作光谱分析中的标准物质,而不能被认为是化学分析的基准试剂,这一点需特别注意。

除上述四类化学试剂外,还有些特殊规格的化学试剂,如表 3-2 所示。

表 3-2 特殊规格的化学试剂

规格	英文代号	用途	备注
高纯试剂	E.P.	配制标准溶液	包括超纯、特纯、高纯
基准试剂	—	标定标准溶液	标签为浅绿色
pH 基准缓冲物质	—	配制 pH 基准缓冲物质	国家标准
色谱纯试剂	GC LC	气相色谱分析专用 液相色谱分析专用	—
指示剂	Ind	配制指示剂溶液	—
生化试剂	B.R.	配制生物化学检验试液	标签为咖啡色
生物染色剂	B.S.	配制微生物标本染色液	标签为玫瑰红色
光谱纯试剂	S.P.	用于光谱分析	
特殊专用试剂	—	用于特殊监测项目,如无砷锌粒	锌粒含砷量不得超过(4×10^{-5})%

二、化学试剂的包装及标志

化学试剂的包装单位是指每个包装容器内盛装化学试剂的净重(固体)或体积(液体)。包装单位的大小是由化学试剂的性质、用途和经济价值决定的。

我国化学试剂规定用以下五类包装单位包装。

第一类:0.1 g、0.25 g、0.5 g、1 g、5 g 或 0. 5 mL、1 mL;

第二类:5 g、10 g、25 g 或 5 mL、10 mL、25 mL;

第三类:25 g、50 g、100 g 或 20 mL、25 mL、50 mL、100 mL;

第四类:100 g、250 g、500 g 或 100 mL、250 mL、500 mL;

第五类：500 g、1000 g、5000 g 或 500 mL、1 L、2.5 L、5 L。

根据实际工作中对某种试剂的需要量决定所采购化学试剂的量。一般无机盐类以 500 g、有机溶剂以 500 mL 包装的较多。而指示剂、有机试剂一般购买小包装，如 5 g、10 g、25 g 等规格的。高纯试剂，如贵金属、稀有元素等采用小包装。

我国化学试剂按国家标准《化学试剂　包装及标志》(GB 15346—2012)规定，不同级别的试剂用不同颜色的标签表示：优级纯——深绿色；分析纯——金光红色；化学纯——蓝色；基准试剂——浅绿色；生化试剂——咖啡色；生物染色剂——玫瑰红色。

三、化学试剂的选择及使用注意事项

1. 化学试剂的选择

化学试剂的纯度越高，其生产或提纯过程越复杂且价格越高，如基准试剂和高纯试剂的价格要比普通试剂高数倍乃至数十倍。在进行实验时，应根据实验的性质、实验方法的灵敏度与选择性、待测组分的含量及对实验结果准确度的要求等，选择合适的化学试剂，既不超级别造成浪费，又不随意降低级别而影响实验结果。试剂的选择应考虑以下几点：

(1) 一般化学教学实验可使用化学纯试剂。

(2) 一般滴定分析常用的标准溶液，一般应选用分析纯试剂配制，再用基准试剂进行标定。某些情况下(对分析结果要求不太高的实验)，也可以用优级纯或分析纯试剂代替基准试剂。滴定分析中所用试剂一般为分析纯试剂。

(3) 仪器分析实验中一般使用优级纯试剂或专用试剂，测定微量或超微量成分时应选用高纯试剂。

(4) 某些试剂从主体含量看，优级纯与分析纯相同或很接近，但杂质含量不同。若所做实验对试剂杂质要求高，应选择优级纯试剂；若只对主体含量要求高，则应选用分析纯试剂。

(5) 按规定，试剂的标签上应标明试剂名称、化学式、摩尔质量、级别、技术规格、产品标准号、生产许可证号、生产批号、厂名等，危险品和有毒品还应给出相应的标志。若上述标记不全，应提出质疑。当所购试剂的纯度不能满足实验要求时，应将试剂提纯后再使用。

(6) 常用的有机试剂及指示剂常常等级不明，一般只可作化学纯试剂使用。

2. 化学试剂使用注意事项

在使用化学试剂时应注意以下几点：

(1) 不同厂家或同一厂家不同批次的产品的性质很难完全一致，在使用时不仅要考虑试剂的级别，还应注意生产厂家、生产批次。必要时应做专项检验和对照试验。

(2) 有些试剂由于包装或分装不良，或放置时间过长，可能变质，使用前应做检查。

(3) 进口试剂的规格、标志与国内化学试剂现行等级不完全相同，使用时参照相关的标准执行。

(4) 使用高级别试剂，相应的分析用水的纯度和容器的洁净程度要与之匹配。

(5) 使用化学试剂的工作人员应熟悉相应化学试剂的性质，在取用试剂时应方法正

确,注意安全及防止试剂被污染。化学试剂取用需注意以下几点:

① 打开瓶盖(塞)取出试剂后,应立即将瓶盖(塞)好,以免试剂吸潮、被沾污或变质。

② 取用试剂时应注意保持清洁,瓶盖(塞)不可任意放置,取用后应立即盖好瓶盖(塞),切不可"张冠李戴",多余的试剂不可倒回试剂瓶内,以防试剂被沾污或变质。

③ 固体试剂用洁净干燥的小药匙取用。取用强碱性试剂后的小药匙应立即洗净,以免腐蚀。

④ 用吸量管吸取溶液时,绝不能将未洗净的同一吸量管插入不同的试剂瓶中。

(6) 在分析工作中,试剂的浓度及用量应按要求使用,过浓或过多,不仅造成浪费,而且还可能产生副反应,甚至得不到正确的结果。

四、影响化学试剂的因素及化学试剂的保管

化学试剂如果保管不当则会变质,引起分析误差,甚至造成事故。因此,妥善、合理地保管化学试剂是一项十分重要的工作。

1. 影响化学试剂的因素

(1) 空气。空气中的氧气易使还原性试剂氧化而被破坏;强碱性试剂易吸收二氧化碳变成碳酸盐;水分可以使某些试剂潮解、结块等。

(2) 温度。试剂变质的速度与温度有关。夏季高温会加速不稳定试剂的分解;冬季严寒会促进甲醛聚合而沉淀变质。

(3) 光。日光中的紫外线能加速一些试剂的化学反应而使其变质(如银盐,汞盐、溴和碘的钾、钠、铵盐等)。

(4) 杂质。不稳定试剂的纯净与否对其变质情况的影响不容忽视。如纯净的溴化汞不受光的影响,但含有微量杂质的溴化汞遇光变黑。

(5) 贮存期。不稳定试剂在长期贮存后可能发生歧化聚合、分解或沉淀等变化。

2. 化学试剂的保管

一般的化学试剂要保存在干燥、洁净、通风良好的贮藏室中;注意远离火源,并防止水分、灰尘和其他物质的污染;注意试剂之间的相互影响引起的变质甚至是发生危险。在保管化学试剂时还应注意以下几点:

(1) 一般试剂应保存在通风良好、干净、干燥的贮藏室中,分类存放。例如,无机试剂可按酸、碱、盐、氧化物、单质等分类,有机试剂一般常按官能团排列。

(2) 特殊试剂应采用特殊方法保存。例如,金属钠、钾要保存在煤油中,白磷要保存在水中等。

(3) 固体试剂应保存在广口瓶中,液体试剂一般应保存在细口玻璃瓶中。

(4) 见光易分解的试剂如硝酸银、高锰酸钾、硫代硫酸钠、碘等应盛放在棕色瓶中并置于暗处存放。

(5) 容易侵蚀玻璃而影响纯度的试剂,如氢氟酸、氟化钾、氟化铵、氢氧化钠等,应保存在塑料瓶中或涂有石蜡的玻璃瓶中。

(6) 盛碱液的瓶子要用橡皮塞,不能使用磨口塞。

(7) 吸水性强和易被氧化的试剂,如无水碳酸钠、苛性碱、过氧化钠等,应严格用蜡密封。

(8) 相互易作用的试剂,如蒸发性的酸与氨、氧化剂与还原剂,应分开存放。易燃的试剂,如乙醇、乙醚、苯、丙酮与易爆炸的高氯酸、过氧化氢、硝基化合物,应分开存放在阴凉、通风、不受阳光直射处。

(9) 剧毒试剂,如氰化物、砒霜、氢氰酸、氯化汞等,应由专人妥善保管,领用时严格执行双人登记签字领用制度。

五、实验室用水要求

实验室用水是分析质量控制的一个重要因素,它影响空白值的大小以及分析方法的检出限,尤其在微量分析中对水质的要求更高。实验室中用于溶解、稀释和配制溶液的水,都必须先经过纯化。分析要求不同,水质纯度的要求也不同。

1. 实验室用水级别及主要指标

纯水并不是绝对不含杂质,只是杂质的含量微小而已。制备纯水的方法不同,水中含杂质的情况也不同。实验室用水规格的国家标准中规定了实验室用水的技术指标、制备方法及检验方法。根据《分析实验室用水规格和试验方法》(GB/T 6682—2008)的规定,分析实验室用水的原水应为饮用水或纯度适当的水,并将实验室用水分为三个级别:一级水、二级水和三级水。

一级水:基本上不含有溶解或胶态离子杂质及有机物,用于有严格要求的分析实验,包括对颗粒有要求的实验,如高效液相色谱(HPLC)分析用水。用二级水制取一级水的方法:二级水经过石英设备蒸馏或离子交换混合床处理后,再用 0.2 μm 微孔滤膜过滤。

二级水:可含有微量的无机、有机或胶态离子杂质。用于无机痕量分析等实验,如原子吸收光谱(AAS)分析用水。二级水可用多次蒸馏或离子交换等方法制取。

三级水:用于一般的化学分析实验。三级水可用蒸馏或离子交换的方法制取。

分析化学实验室用水水质指标见表 3-3。

表 3-3 分析化学实验室用水水质指标

水质指标	一级水	二级水	三级水
pH 值(25 ℃)	—	—	5.0~7.5
电导率(25 ℃)/(mS/m)	≤0.01	≤0.10	≤0.50
可氧化物质(以 O 计)/(mg/L)	—	0.08	0.4
吸光度(254 nm,1 cm 光程)	≤0.001	≤0.01	—
蒸发残渣(105 ℃±2 ℃)/(mg/L)	—	≤1	≤2
可溶性硅(以 SiO_2 计)/(mg/L)	≤0.01	≤0.02	—

2. 实验室用水的合理选择

分析检测工作中，洗涤器皿、溶解样品和配制溶液均需要用水，但不同工作对所需水的纯度要求不同。用低纯度水配制精确浓度溶液会影响其准确度，用高纯度水洗涤普通器皿则会造成浪费。应当根据实验对水质量的要求，合理选用适当级别的水，并注意节约用水。

六、实验室用水的制备和贮存

1. 实验室用水的制备

分析化学实验室用于配制溶液的水都必须先经过纯化。分析实验的要求不同，对水质纯度的要求也不同，应根据具体要求，采用不同方法制备纯水。一般实验室用的纯水有蒸馏水、二次蒸馏水、去离子水、特殊要求的实验用水等。以下对蒸馏水、去离子水、特殊要求的实验用水的制备进行介绍。

(1) 蒸馏水。将自来水在蒸馏装置中加热汽化，再将水蒸气冷凝即得到蒸馏水。蒸馏法设备成本低，操作简单，但能量消耗大，只能除去水中非挥发性杂质及微生物等，不能完全除去水中溶解的气体杂质。此外，蒸馏装置所用材料不同，所制备的蒸馏水所带的杂质也不同，目前使用的蒸馏装置是由不锈钢、纯铝和玻璃等材料制成的。

(2) 去离子水。将自来水或普通蒸馏水依次通过阳离子树脂交换柱、阴离子树脂交换柱、阴阳离子树脂混合交换柱后所得的水即为去离子水。离子树脂交换柱除去离子的效果好，去离子水的纯度比蒸馏水高，质量可达到二级水或一级水指标，但不能除去非离子型杂质，常含有微量的有机物。市场上有很多离子交换纯水机。

(3) 特殊要求的实验用水。无二氧化碳水，将蒸馏水或去离子水煮沸至少 10 min(水多时)，或使水量蒸发 10%以上(水少时)，隔离空气，冷却而得，制好的无二氧化碳水应贮存于附有碱石灰管并用橡皮塞盖严的瓶中，其 pH 值应为 7。

无氯水，加入亚硫酸钠等还原剂，将自来水中的余氯还原为氯离子，继用附有缓冲球的全玻璃蒸馏器进行蒸馏制取无氯水。

无氨水，向水中加入硫酸至其 pH 值小于 2，使水中各种形态的氨或胺最终都变成不挥发的盐类，再进行蒸馏，即可制得无氨纯水(注意避免实验室空气中含氨的重新污染，应在无氨气的实验室中蒸馏)。

不含有机物的水，加少量高锰酸钾的碱性溶液于水中，使水呈红紫色，再以全玻璃蒸馏器进行蒸馏即得。在整个蒸馏过程中，应始终使水保持红紫色，否则应随时补加高锰酸钾。

2. 实验室用水的贮存

各级用水均使用密闭、专用聚乙烯容器贮存。三级水也可使用密闭的、专用玻璃容器。新容器在使用前需用 20%盐酸溶液浸泡 2～3 d，用自来水洗净，再用待装级别水反复冲洗数次。各级用水在贮存期间，其污染的主要来源是容器可溶成分的溶解、空气中二氧化碳和其他杂质。因此，一级水不可贮存，临使用前制备。二级水、三级水可适量制备，分别贮存于预先经同级水清洗过的相应容器中。

实验室用水与空气接触或贮存过程中，容器材料可溶解成分的引入或空气中二氧化碳等气体及其他杂质都会引起纯水质量的改变。水的纯度越高，受到的影响越显著。分析用的纯水必须严格保持纯净，防止污染。

七、实验室用水的质量检验

分析化学实验室用水目视观察应为无色透明的液体，其质量检验指标有很多，分析化学实验室主要对实验用水的电导率、酸碱度、金属离子含量、氯离子含量等进行检测。根据《分析实验室用水规格和试验方法》(GB/T 6682—2008)的规定，应检验电导率，pH 值，金属离子、氯离子、硅酸盐、可氧化物质含量和吸光度等指标。

1. 电导率

实验室用水电导率的测定应选用适宜测定纯水的电导率仪，电导率仪应有温度补偿功能。水的电导率越低，表示水中的阴、阳离子数目越少，水的纯度越高。

一般分析用水的电导率应小于 10^{-6} S/cm，对于要求较高的分析工作，所用纯水的电导率应小于 10^{-7} S/cm。

2. pH 值

取 10 mL 待测水样，加入 2 滴甲基红指示剂(pH 变色范围为 4.4～6.2)，以不显红色为合格；另取水 10 mL，加入 5 滴溴百里酚蓝(pH 变色范围为 6.0～7.6)，以不显蓝色为合格。也可用精密 pH 试纸检查或用 pH 计(酸度计)测定其 pH 值。

3. 金属离子

取 50 mL 待测水样，加入 1 mL 氨-氯化铵缓冲液(pH=10)和少许铬黑 T 指示剂，如呈蓝色，说明 Ca^{2+}、Mg^{2+}、Cu^{2+} 等阳离子含量甚微，水质合格，如呈红色，则说明水质不合格。

4. 氯离子

取 10 mL 待测水样，加入 5 滴 5%硝酸进行酸化，再加入 1 滴 0.1 mol/L 硝酸银溶液，摇匀观察。如溶液无色透明，说明水样中无氯离子，水质合格；如有乳白色沉淀，说明水中有氯离子，水质不合格。

5. 硅酸盐

纯水中硅含量不得大于 0.05 mg/L。取 30 mL 待测水样，加入 5 mL 硝酸(1∶3.5)和 5 mL 5%钼酸铵溶液，室温下放置 5 min 或水浴加热 30 s，加入 5 mL 1%亚硫酸钠溶液，目视是否有蓝色，如有蓝色说明水中有硅酸盐。

6. 可氧化物质含量

量取 1000 mL 二级水，注入烧杯中，加入 5.0 mL 硫酸溶液(20%)，混匀。

量取 200 mL 三级水，注入烧杯中，加入 1.0 mL 硫酸溶液(20%)，混匀。

在上述已酸化的试液中，分别加入 1.00 mL 高锰酸钾标准滴定溶液 $c\left(\frac{1}{5}KMnO_4\right)=0.01$ mol/L，混匀，盖上表面皿，加热至沸腾并保持 5 min。溶液的粉红色不得完全消失即为合格。

7. 吸光度

将水样分别注入 1 cm 和 2 cm 石英吸收池中，在紫外-可见分光光度计上，于波长 254 nm处，以 1 cm 吸收池中水样为参比，测定 2 cm 吸收池中水样的吸光度。

说一说

☆ 以下几个项目的实验用水是几级水？可以通过什么方法制备？

(1) 配制标准溶液。

(2) 高效液相色谱分析。

(3) 清洗玻璃器皿。

操作练习

活动 1　化学试剂的日常管理

实验原理

化学试剂的日常管理，包括试剂的领取、使用、保存和退还等。按照实训室教学管理规定，实训班级领取化学试剂，首先要填写领料单，经任课教师签字确认后方能凭单领取。若领取的试剂为危险化学品（盐酸、硫酸、硝酸、高氯酸、高锰酸钾、丙酮），还须任课教师在场方能领取，且一次领用量不得多于 3 瓶。

配制好的溶液应转移至试剂瓶或滴瓶中存放，贴好标签，不得用烧杯贮存溶液。

主要任务

◇ 从化学试剂仓库领取 1 瓶氯化钠。

◇ 填写领料单。

◇ 保存配制好的氯化钠溶液。

实验操作指导书

1. 领取氯化钠试剂

(1) 填写领料单。

从实验管理员处领取教学耗材（消耗品）领料申请单（表 3-4），按要求填写好领用班级、日期、品名、规格及型号等信息后，由任课教师签字确认。

表 3-4　教学耗材（消耗品）领料申请单

领用班级：　　　　　　　　　　　　　　　　年　　月　　日

序号	品名	规格及型号	单位	申领	实发	单价/元	总价/元
1							
2							
3							
4							

续表

序号	品名	规格及型号	单位	申领	实发	单价/元	总价/元
5							
6							
用途及说明							
消耗品价值在300元以内的由专业组长审批，300～1000元的由部门负责人审批，1000元以上的由教务科分管实验实训科科长审批。							

教务主管：　　系主任：　　专业组长：　　申请人：

(2) 领取试剂。

凭任课教师签字确认的领料单，从实验管理员处领取分析纯氯化钠试剂。

2. 保存溶液

将任课教师配制好的氯化钠溶液分装至试剂瓶，贴好标签保存好。

说一说

☆ 为什么要填写领料单？

☆ 配制好的溶液如果贮存于烧杯中，将会有何影响？

☆ 配制好的溶液如果没有正确粘贴标签会有何影响？

活动2　去离子水的制备和水质检验

实验原理

实验室中使用的纯水主要为RO水，即通过反渗透膜过滤后的水。反渗透膜的孔径可达0.2 nm，因此能去除95%以上的离子态杂质。RO水可作为去离子水的一种，由纯水机制得。

水的pH值可用精密pH试纸检验或用pH计测定。如用化学法简单测定，则用甲基红指示剂和溴百里酚蓝指示剂。其中，甲基红指示剂的pH变色范围为4.4(红色)～6.2(黄色)，不显红色为合格；溴百里酚蓝指示剂的pH变色范围为6.0(黄色)～7.6(蓝色)，不显蓝色为合格。

铬黑T指示剂在pH＝10的水溶液中呈蓝色，能与许多金属阳离子(Ca^{2+}、Mg^{2+}、Cu^{2+}等)形成红色的配合物，可以此来检验水中是否含有金属离子。

在酸性条件下，向溶液中加入硝酸银溶液，溶液中的氯离子会与硝酸银反应，生产白色的氯化银沉淀，可以此来检验水中是否含有氯离子。

主要任务

◇ 制备去离子水。

◇ 测定水的pH值。

◇ 检验水中的金属离子。

◇ 检验水中的氯离子。

实验操作指导书

1. 制备去离子水

自实验室纯水间制取 500 mL 去离子水。

2. 测定水的 pH 值

(1) 使用精密 pH 试纸测定水样的 pH 值。

(2) 取 10 mL 待测水样,加入 2 滴甲基红指示剂,不显红色为合格;另取水 10 mL,加入 5 滴溴百里酚蓝,不显蓝色为合格。

3. 检验水中的金属离子

取 50 mL 待测水样,加入 1 mL 氨-氯化铵缓冲液(pH=10)和少许铬黑 T 指示剂,如呈蓝色,说明 Ca^{2+}、Mg^{2+}、Cu^{2+} 等阳离子含量甚微,水质合格,如呈红色则不合格。

4. 检验水中的氯离子

取 10 mL 待测水样,加入 5 滴 5%硝酸酸化,再加入 1 滴 0.1 mol/L 硝酸银溶液,摇匀观察。如水样无色透明,说明水中无氯离子;如有乳白色沉淀,说明水中存在氯离子,水质不合格。

说一说

☆ 制备的去离子水应贮存在什么容器中?

☆ 实验中使用的器皿应该怎么清洗?

☆ 实验中使用的器皿如果没清洗或清洗不充分,对实验结果有何影响?

目标检测

一、单项选择题

1. 分析实验室的一级水用于(　　)。

A. 一般化学分析　　B. 原子吸收光谱分析

C. 分光光度分析　　D. 高效液相色谱分析

2. 分析实验室用二级水的制备方法是(　　)。

A. 一级水经微孔滤膜过滤　　B. 普通蒸馏水用石英设备蒸馏

C. 自来水用一次蒸馏法　　D. 自来水通过电渗析器

3. 用于配制标准溶液的试剂的水最低要求为(　　)。

A. 一级水　　B. 二级水　　C. 三级水　　D. 四级水

4. 分析纯试剂的标签颜色为(　　)。

A. 绿色　　B. 金光红色　　C. 蓝色　　D. 棕色

5. 少量下列化学药品应保存在水里的是(　　)。

A.硫黄　　B. 金属钾　　C. 白磷　　D. 苯

二、判断题

1. 分析实验室的二级水用于高效液相色谱分析。(　　)

2. 分析实验室用二级水的制备方法是普通蒸馏水用石英设备蒸馏。(　　)

3. 分析实验室用水的金属离子检验方法为:取 50 mL 水样,加入氨-氯化铵缓冲液及

铬黑T指示剂，如果水呈蓝色，则表明无金属离子。（　　）

4. 因为级别越高的化学试剂杂质越少，所以配制溶液时应尽量使用高纯度的化学试剂。（　　）

5. 实验结束后未使用完的试剂应妥善保存在药品柜中或退回仓库。（　　）

三、简答题

1. 实验室用水是否级别越高越好？用水的选择从哪些方面考虑？

2. 在使用过程中发现领取的化学试剂标签受到污染难以识别时，该如何处理？

阅读材料

绿水青山就是金山银山

“江作青罗带，山如碧玉篸。”约1100年前，唐朝诗人韩愈写尽桂林山水之美。千百年来，桂林的青山绿水成为历朝历代文人骚客笔下的“人间仙境”。改革开放后，随着城镇化的加速，以及游客量的持续增长，漓江承载的压力越来越大。

2012年以来，桂林不断改善农村和乡镇人居环境，努力走出一条生态经济发展之路。为减轻漓江生态压力，不少机关单位搬到远离漓江流域的临桂新区，所有游船都采用先进的环保低排放动力系统，大幅减少经营活动带来的污染。在乡镇，桂林实施新型城镇化建设。桂林市恭城瑶族自治县大力推行“沼气＋种植＋养殖＋加工＋旅游”这种“五位一体”的生态循环经济，农村环境大幅改善，县域经济快速发展，被联合国评为“发展中国家农村生态经济发展典范”。

桂林严守生态底线，以前所未有的力度保护漓江山水，推动城乡协调发展，努力在青山绿水里走出一条生态文明之路，这种做法既是对祖国大好河山负责，也是对历史负责，更是对美丽乡村、美丽中国的未来负责。大自然是人类赖以生存发展的基本条件。尊重自然、顺应自然、保护自然，是全面建设社会主义现代化国家的内在要求。生态文明建设是中国共产党为人民谋幸福、为民族谋复兴、为世界谋大同的新方向与新作为。

任务 4　分析天平的使用和样品的称量

任务目标

◆ 知识目标

1. 了解电子分析天平的基本构造、用途和特点；
2. 了解电子分析天平各部件的作用；
3. 熟知电子分析天平的使用规则和一般称量步骤；
4. 熟知直接称量法、指定质量称量法和递减称量法的原理。

◆ 能力目标

1. 能根据仪器说明书，说出电子分析天平各部件的名称及用途；
2. 能正确、熟练地使用电子分析天平进行称量操作；
3. 能叙述三种称量方法的适用范围，并根据实际情况选择相应的称量方法。

◆ 素养目标

1. 培养学生认真细致、精益求精的工匠精神；
2. 培养学生爱护仪器设备、保护公共财产的意识。

情景导入

天平的发展史

人类使用天平称量物体质量的历史可以追溯到 5000 年以前。在古埃及金字塔中发现的壁画清晰地记录了人们通过等臂杠杆装置称量等质量物品的过程。春秋晚期，天平和砝码的制造技术已相当精密，中国古代的天平以竹片做横梁，丝线为提纽，两端各悬一铜盘，如图 4-1 所示。后来因用天平称量重物比较麻烦，改用“铨”，称量较轻物体时才用天平。

图 4-1　中国古代天平

18 世纪英国化学家布莱克是在化学实验中较早使用天平的人。19 世纪 20 年代，英国伦敦的仪器设计家罗宾逊开始设计和制造分析天平，他用空心材料做横梁，把梁做成三角形，竖梁中部有指针，该天平在英国和美国得到广泛使用。有刻度横梁和游码的天平,大约也是在19世纪诞生。

随着科学的发展、技术的进步,天平的设计和制造不断取得长足的发展。经过一代又一代人的不懈努力,才有了各式各样的现代天平。如今,在化学实验室中,常用的现代天平有托盘天平、电光天平和电子分析天平,如图4-2所示。

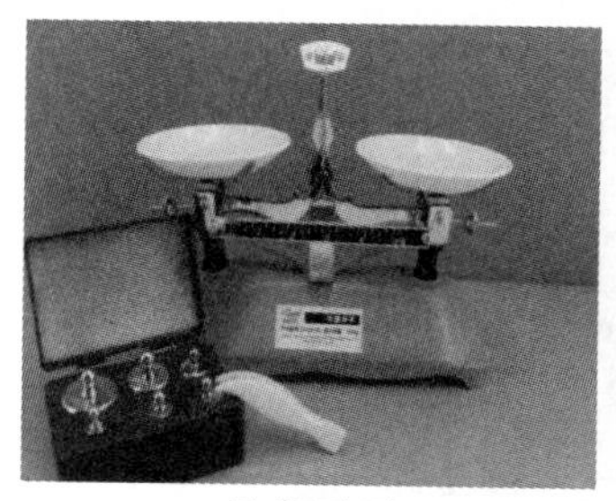
托盘天平

电光天平

电子分析天平

图4-2 现代天平

学习资料

电子分析天平是化学实验常用的称量仪器,也是定量分析最重要的仪器之一。在分析工作中常需通过电子分析天平准确称量一些物质的质量,而称量的准确与否直接影响测定结果的准确度。因此,掌握电子分析天平的操作规程和正确的称量方法,是做好定量分析工作的基本保证。

一、电子分析天平的称量原理、技术指标和基本构造

(一)电子分析天平的称量原理

电子分析天平是利用电磁力平衡称量物体质量的天平。其特点是称量准确可靠、显示快速清晰并且具有自动检测系统、简便的自动校准装置以及超载保护等装置。根据精度的不同,电子分析天平可分为超微量电子天平、微量电子天平、半微量电子天平、分析天平和精密电子天平。

(二)电子分析天平的主要技术指标

(1) 最大称量。最大称量又叫最大载荷,表示天平可以称量的最大值,用max表示。天平的最大称量必须大于被称物品的质量,如果称量物品的质量大于天平的最大称量,可能会损坏天平或影响天平的性能。在分析工作中常用的天平最大称量一般为100～200 g。

(2) 分度值。天平读数标尺能够读取的有实际意义的最小质量数,用e表示。最大载荷为100～200 g的分析天平,分度值一般为0.1 mg,即万分之一天平;最大载荷为20～30 g的分析天平,分度值一般为0.01 mg,即十万分之一天平。

(三)电子分析天平的基本构造

电子分析天平称量准确、迅速,操作简单,灵敏度高,是目前许多实验室采用的最新一

代的分析天平。不同型号的电子分析天平的基本结构和称量原理都大同小异。下面以普利赛斯 XJ220ASCS 系列电子分析天平为例介绍其构造和使用方法。电子分析天平的基本结构如图 4-3 所示。

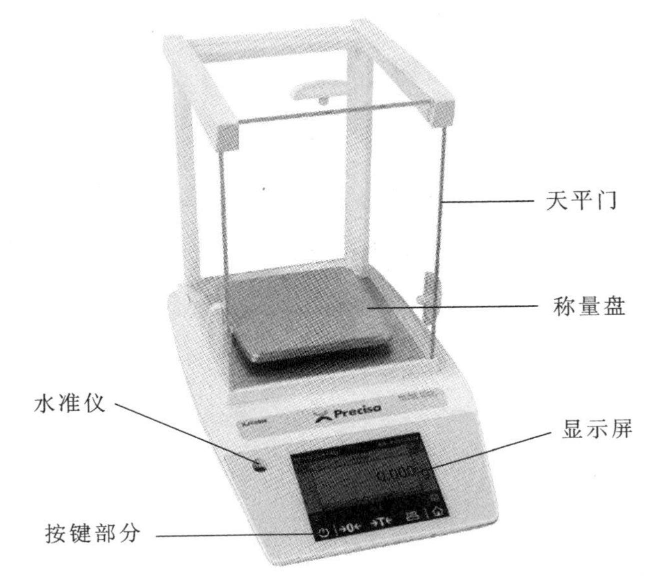

图 4-3 电子分析天平的基本结构

二、电子分析天平的使用规则

(1) 天平应放置于清洁干燥、温度较为恒定、无空气对流、无阳光直射、防震的天平室中。

(2) 天平台要牢固、平稳，天平应处于水平状态，不得随意移动，使用前应预热 20 min 以上。

(3) 称量前将天平罩取下叠好，检查天平是否处于水平状态(可通过水平调节螺钉调节)，用软毛刷轻刷天平盘。

(4) 称量时应从侧门取放称量物，读数时须关闭天平门。

(5) 称量物的温度应和室温一致，不得把热或冷的物体放进天平内称量。

(6) 应戴洁净手套或用纸带取放称量物。

(7) 天平载重不得超过天平的最大载荷(常用分析天平的最大载荷为 220 g)。

(8) 称量数据应及时、准确记录在数据记录本上，不得记在纸片或其他地方。

(9) 复原。称量完成后，取出称量物，检查天平内外是否清洁，关好天平门，按开/关键，填写使用登记表后，再切断电源，罩好天平罩，将板凳放回原位，整理好实验台。

(10) 天平首次使用前或移动位置后需校准后方可使用。

(11) 在进行磕样操作时，若倾出试样超过要求的量太多，则需弃去重称。要在接受器上方打开或盖上称量瓶盖；粘在瓶口上的试样应尽量磕回瓶中，避免粘到瓶盖上或丢失。

（12）挥发性、腐蚀性、强酸强碱类物质应盛于带瓶盖的称量瓶内称量，防止腐蚀天平。

三、电子分析天平的操作步骤

虽然电子分析天平种类繁多，但其使用方法大同小异，具体操作可参阅各仪器的使用说明书。一般来说，在用电子分析天平称量时，只使用开/关键、除皮/调零键和校准/调整键。下面以普利赛斯 XJ220ASCS 系列电子分析天平为例，其使用方法如表 4-1 所示。

表 4-1　电子分析天平的操作步骤

序号	操作流程	操作图示	操作步骤及注意事项
1	水平调节		（1）取下天平罩，叠好。 （2）观察天平的水准仪，如水准仪气泡偏移，则需调节水平调节螺钉，使气泡位于水准仪中央。 注意：① 电子分析天平一般有两个调平底座，位于前面或后面，旋转这两个调平底座，就可以将天平调整至水平。水准泡偏向哪边，说明哪边高。 ② 水平调好之后，应尽量不要搬动天平
2	预热	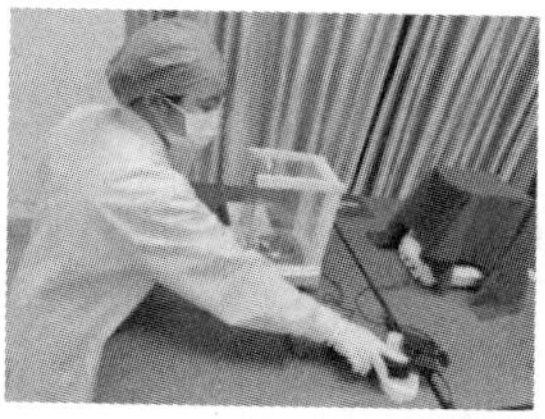	称量前接通电源，预热 20 min。 注意：事先检查电源电压是否匹配（必要时配置稳压器）
3	开机	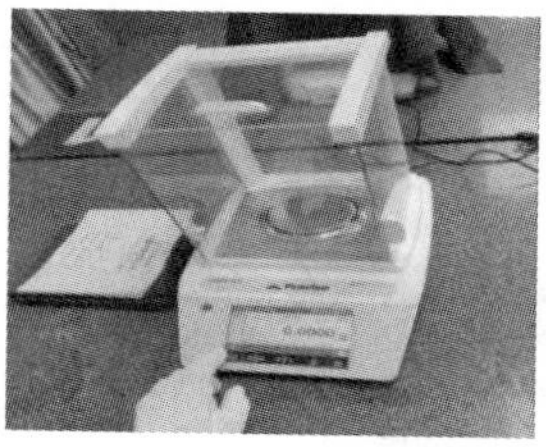	（1）用软毛刷轻刷天平盘。 （2）按下开/关键，打开天平开关。 注意：应在关机状态下清扫天平
4	调零	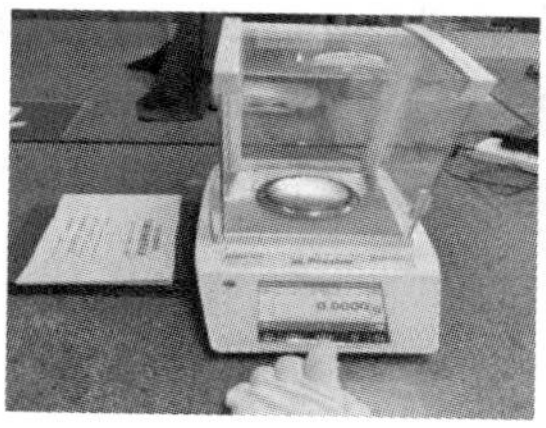	按除皮/调零键调零，使天平显示 0.0000 g。 注意：天平初次使用或长时间没用过，或天平移动过位置，一般都应进行校准

续表

序号	操作流程	操作图示	操作步骤及注意事项
5	称量		将待称量物置于称量盘中央,待数字稳定后即可读出称量物的质量,记录数据。 注意:读数时应关上天平门
6	称量结束		(1) 取下被称量物,按开/关键。 (2) 拔下电源插头,罩好天平罩。 (3) 填写使用情况登记本。 注意:称量过程中产生的遗留物要及时清理

四、样品的称量方法

样品的称量方法主要有直接称量法、指定质量称量法(又称固定质量称量法或增重法)、递减称量法(又称减量法或差减法)。各种称量方法的适用范围及操作要点如表 4-2 所示。

表 4-2　称量方法的适用范围及操作要点

称量方法	称量对象	称量示例	操作图示	操作要点及注意事项
直接称量法	不吸湿、不挥发和在空气中性质稳定的固体物质;洁净干燥的器皿、棒状或块状的金属及其他块状不易潮解或升华的固体	准确称取小烧杯的质量		(1) 将被称物品置于称量盘中央。 (2) 待数字稳定后,直接读出被称物品质量。 注意:① 称量器皿的外壁要擦干。 ② 具有腐蚀性的药品不能直接放在称量盘上

续表

称量方法	称量对象	称量示例	操作图示	操作要点及注意事项
指定质量称量法	不易吸湿且不与空气中各种组分发生反应、性质稳定的粉末状物质	准确称取 0.2 g 试样	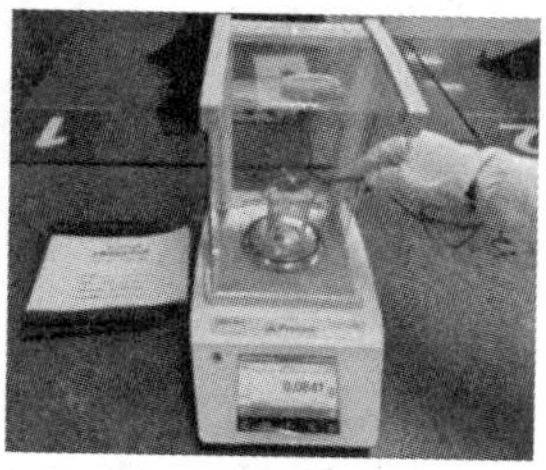	(1) 将称样容器(干燥洁净的表面皿、称量纸或烧杯等)置于称量盘中央,按除皮/调零键调零。 (2) 用右手拇指、中指及掌心拿稳盛有试样的药匙,将药匙伸向容器中心部位上方 2～3 cm 处,小心用食指轻弹药匙柄,使试样缓慢地落入容器中,直到显示屏显示所需的数值,立即停止加样。 注意:① 加样或取样时,试样不能洒落在称量盘上。 ② 如不慎加多了试样,必须用药匙取出
递减称量法	适用于细小颗粒或粉末状样品,可称量易吸湿、易氧化或易与二氧化碳反应的试样	准确称取 0.2～0.3 g 试样	 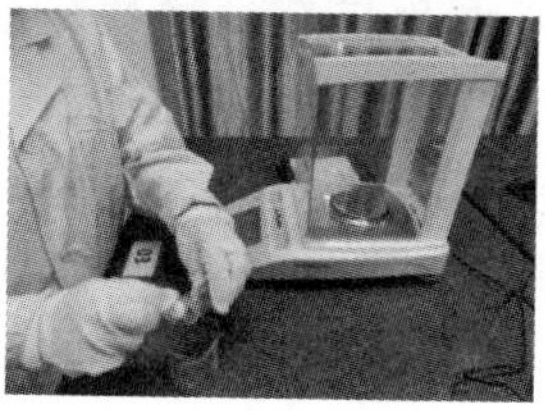	(1) 将试样装入洁净干燥的称量瓶,称出称量瓶和试样的质量 m_1。 (2) 左手将称量瓶拿到接受器上方,右手用纸片夹住瓶盖柄,打开瓶盖,将瓶身缓慢向下倾斜,用瓶盖轻敲瓶口上沿,使试样慢慢落入接受器中。 (3) 当倾出试样接近需要量时,一边继续敲击瓶口上沿,一边逐渐将瓶身竖直,使沾在瓶口的试样落入接受器或称量瓶底部,盖好瓶盖。 (4) 将称量瓶放回称量盘,准确称其质量 m_2,两次质量之差(m_1-m_2)即为接受器内试样的质量。 注意:① 固体试样一般选用称量瓶;液体试样一般选用滴瓶,易挥发的液体(如氨水等),则应选用安瓿球。 ② 装有试样的称量瓶除放在称量盘或拿在手中(用纸条或戴手套拿称量瓶)外,不得放在其他地方,以免污染。 ③ 要在接受器上方打开或盖上瓶盖,以免可能粘在瓶盖上的试样失落;粘在瓶口的试样应尽量敲回瓶中,以免粘到瓶盖上或丢失

应根据以下原则来选择称量方法：

(1) 先根据称量对象选择称量方法。

(2) 如果称量对象均是性质稳定的细小颗粒或粉末，则应进一步考虑称量要求，选择合适的方法。

(3) 一般认为递减称量法的误差小于指定质量称量法的误差，若需要准确称量，建议使用递减称量法。

操作练习

活动1 指定质量称量法称量练习

实验原理

根据指定的质量，缓慢轻敲试样至称样容器中，直至天平显示所需的质量。

主要任务

◇ 用指定质量称量法准确称取 0.5050 g NaCl 样品。

仪器与试剂

电子分析天平、烧杯(100 mL)、药匙、NaCl。

实验操作指导书

1. 水平调节

观察天平水准仪，如气泡偏移，则需调节水平调节脚，使气泡位于水准仪中央。

2. 预热

接通电源，预热 20 min 以上，按开/关键开启天平。

3. 称量

(1) 天平调零。将称样容器置于称量盘中央，去皮，使天平显示 0.0000 g。

(2) 用右手拇指、中指及掌心拿稳盛有试样的药匙，将药匙伸向容器中心部位上方 2～3 cm处。

(3) 用食指轻弹药匙柄，使试样缓慢地落入容器中，直到显示屏正好显示所需数值。

(4) 记下实际数值。

(5) 按上述方法连续称取 5 份试样。

4. 结束工作

称量结束后，若短时间内还使用天平，可不必切断电源；若当天不再使用天平，应拔下电源插头，罩好天平罩，并填写使用情况登记本。

两人一组，一个学生操作，另一个学生依据表 4-3 进行评价，正确打√，错误打×。

表 4-3　指定质量称量法操作评分细则

项目	步骤	操作要领	正确	错误
指定质量称量法	准备	天平预热 20 min		
		检查天平是否水平		
		关机状态下清扫天平		
	称量	药匙在容器中心部位上方 2～3 cm 处		
		无药品洒落在称量盘		
		读数时关闭天平门		
		显示屏显示数据稳定后读数		
		样品质量与规定质量之差符合要求(±0.0001 g)		
	结束	复原天平		
		填写使用情况登记本		

数据记录与处理

将数据填入表 4-4 并进行处理。

表 4-4　指定质量称量法称量练习

样品名	1	2	3	4	5
称量质量/g					
样品质量与规定质量之差/g					

活动 2　递减称量法称量练习

实验原理

通过两次称量质量之差得出所倾出试样的质量。

主要任务

◇ 用递减称量法准确称取 0.2～0.4 g 无水 Na_2CO_3 样品。

仪器与试剂

电子分析天平、烧杯(100 mL)、称量瓶(外径×瓶高:30 mm×60 mm,洗净烘干)、无水 Na_2CO_3。

实验操作指导书

1. 水平调节

观察天平水准仪,如气泡偏移,则需调节水平调节脚,使气泡位于水准仪中央。

2. 预热

接通电源,预热 20 min 以上,按开/关键开启天平。

3. 称量

(1) 天平调零。将称样容器置于称量盘中央,去皮,使天平显示 0.0000 g。

(2) 将适量的无水 Na_2CO_3 样品装入洁净干燥的称量瓶中,置于称量盘中央,称出称量瓶和试样的准确质量 m_1。

(3) 按递减称量法操作要求倾出 0.2～0.4 g 无水 Na_2CO_3 样品到烧杯中。

(4) 敲完样品后，再将称量瓶放回称量盘上准确称取其质量 m_2。

(5) 按上述方法连续称取 5 份试样。

4. 结束工作

称量结束后，若短时间内还使用天平，可不必切断电源；若当天不再使用天平，应拔下电源插头，罩好天平罩，并填写使用情况登记本。

两人一组，一个学生操作，另一个学生依据表 4-5 进行评价，正确打√，错误打×。

表 4-5　递减称量法操作评分细则

项目	步骤	操作要领	正确	错误
递减称量法	准备	天平预热 20 min		
		检查天平是否水平		
		关机状态下清扫天平		
	称量	称量瓶放在称量盘的正中间		
		称量时戴称量手套(或用纸条拿称量瓶)		
		敲样方法正确		
		无药品洒落在称量盘		
		读数时关闭天平门		
		显示屏显示数据稳定后读数		
	结束	样品量符合要求		
		复原天平		
		填写使用情况登记本		

数据记录与处理

将数据填入表 4-6 并进行处理。

表 4-6　递减称量法称量练习

项目	1	2	3	4	5
称量瓶与样品质量 m_1/g					
称量瓶与样品质量 m_2/g					
样品质量 m/g					
样品量是否符合要求(是/否)					

目标检测

一、单项选择题

1. 下列不是电子分析天平的特点的是(　　)。

A. 性能稳定　　B. 灵敏度高

C. 采用机械加码　　D. 操作简便

2. 调节天平水平用(　　)。

A. 螺旋角　　B. 水准仪

C. 水平调节螺钉　　D. 开关旋钮

3. 当电子分析天平显示(　　)时，可进行称量。

A. 0.0000 g　　B. CAL　　C. TARE　　D. O

4. 称取铜片、锌片采用(　　)。

A. 直接称量法　　B. 指定质量称量法

C. 递减称量法　　D. 以上方法都可

5. 用容量瓶配制 0.1 g/L 的 Fe^{3+} 溶液 1000 mL 时，需称取 0.8634 g $NH_4Fe(SO_4)_2 \cdot 12H_2O$ 固体，用(　　)。

A. 直接称量法　　B. 指定质量称量法

C. 递减称量法　　D. 以上方法都可

6. 递减称量法中，错误的做法是(　　)。

A. 在接受器上方，打开或盖上瓶盖　　B. 一下子倾倒(以节省时间)

C. 边敲边竖直瓶身　　D. 边敲边倾倒

7.拿取洁净、干燥的称量瓶时，下列说法正确的是(　　)。

A. 戴上手套取　　B. 不可以用纸带取

C. 用干净的手取　　D. 可以用湿手直接拿

8. 采用称量瓶作称量容器时，递减称量法最适用于称量(　　)。

A. 在空气中稳定的试样　　B. 在空气中不稳定的试样

C. 干燥试样　　D. 易挥发物

二、判断题

1. 称量时，不可直接用手拿物品。(　　)

2. 天平的水准仪气泡的位置与称量结果无关。(　　)

3. 电子分析天平读数时可以不关天平门。(　　)

4. 万分之一天平的分度值为 0.01 mg。(　　)

5. 常量分析天平数据记录应准确到小数点后 4 位。(　　)

6. 称量结束后，天平需复原。(　　)

7. 称量过程中，称量瓶可随意乱放。(　　)

8. 天平的最大称量就是天平所能称量的最大质量。(　　)

三、简答题

1. 称量时，每次均应将被称物置于称量盘中央，为什么？

2. 用递减称量法称量时，如称 m_2 时不小心将试样倾出接受器外，则所称质量偏高还是偏低？

3. 为什么不能用手直接取放称量瓶？

四、分析图 4-4 中的不规范操作，并指出该如何改正

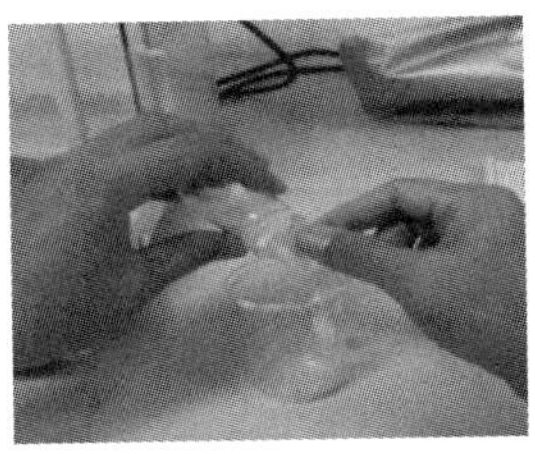
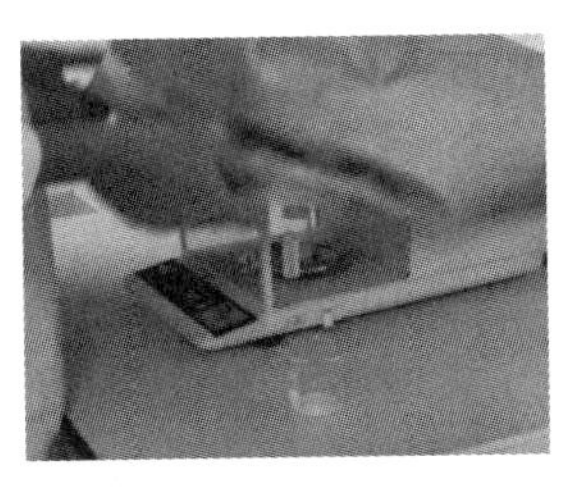
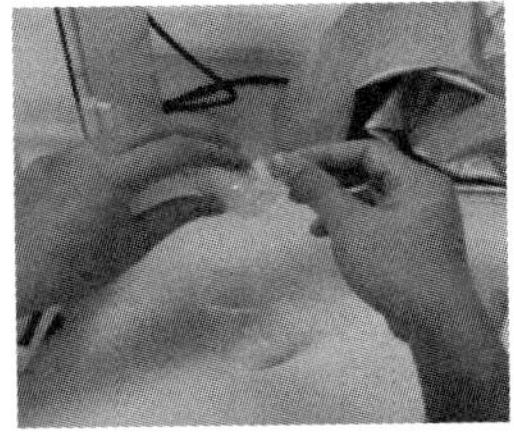

图 4-4　不规范操作

阅读材料

严谨求实，追求极致

罗伯特·威廉·本生是19世纪德国著名的化学家。他于1831年从哥廷根大学毕业后，从事化学研究和化学教学工作达55年之久。他研究的范围涉及光化学、电化学、物理化学、分析化学等方面，在光化学方面贡献较大，还创制了本生灯等。他在科学上能有如此出色的成就，与他严肃认真、一丝不苟的科学态度是分不开的。

有一天，他在阳光下晒滤纸，纸上有铍的沉淀物。不料就在他走开的一会儿，一只苍蝇突然飞到滤纸上，贪婪地吮吸那有甜味的沉淀物。本生大吃一惊，猛地扑上去捕捉，苍蝇却飞走了。他又是追，又是喊，惊动和吸引了好几个小学生一同来追歼"敌人"，终于把苍蝇捉住了。本生非常高兴，把已经捏死的苍蝇放进了白金坩埚，把苍蝇焚化、蒸发，最后化验、称重，确定了被苍蝇吸走的沉淀物折算成氧化铍是1.01 mg。他把这1.01 mg的质量又加到沉淀物的总质量中，最后得出了极其精确的分析结果。

任务5　容量瓶的使用

任务目标

◆ **知识目标**

1. 了解容量瓶的规格与用途；
2. 掌握容量瓶的洗涤方法及要求；
3. 熟知容量瓶的使用方法及注意事项。

◆ **能力目标**

1. 能根据任务要求选择合适的容量瓶；
2. 能正确洗涤并规范使用容量瓶。

◆ **素养目标**

1. 培养学生认真、细致的科学态度；
2. 养成良好的实验台整理习惯，树立安全作业意识。

情景导入

认识容量瓶

化验室中使用大量的玻璃仪器，因为玻璃有很高的化学稳定性、热稳定性，有良好的透明度、一定的机械强度和良好的绝缘性能。在溶液配制实验中我们使用了烧杯、量筒和试剂瓶等，它们只能粗略地量取或配制一定体积的溶液。如果要准确量取和配制溶液，需要用到的玻璃仪器有移液管和容量瓶。容量瓶是一种带有磨口玻璃塞或平底塑料塞的细长颈、梨形的平底玻璃瓶，颈上有标线。当瓶内液体体积在指定温度(一般为 20 ℃)下达到标线处时，其体积即为所标明的容积数，容量瓶为量入式计量仪器。容量瓶主要用于配制标准溶液或试样溶液，也可以用于将一定量的浓溶液稀释成准确体积的稀溶液。容量瓶通常有 25 mL、50 mL、100 mL、250 mL、500 mL、1000 mL 等多种规格，如图 5-1 所示。

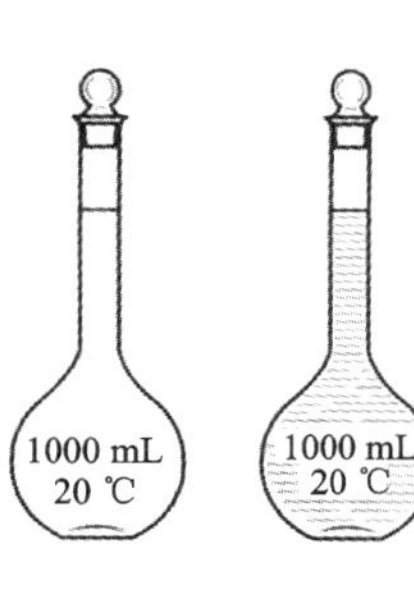

图 5-1　容量瓶

说一说

☆ 配制溶液时，使用容量瓶和烧杯有何不同？

☆ 容量瓶瓶塞漏液对实验有影响吗？为什么？

☆ 能按照洗涤烧杯的方式洗涤容量瓶吗？为什么？

☆ 如何将溶液转移到容量瓶中？如何使溶液刚好与容量瓶标线相切？

学习资料

在滴定分析中，用于准确测量溶液体积的玻璃仪器有滴定管、容量瓶和移液管。正确使用这些玻璃仪器，是滴定分析最基本的操作技术。

一、容量瓶的选择、检查及洗涤

（一）容量瓶的选择

（1）按所需配制溶液的体积选择容量瓶的规格。容量瓶是配制准确浓度溶液的精确仪器，微量容量瓶有 1 mL、2 mL、5 mL 等规格，常量容量瓶有 50 mL、100 mL、250 mL、500 mL、1000 mL、2000 mL 等规格。实验中常用的是 100 mL 和 250 mL 的容量瓶，微量容量瓶主要用在色谱法中制作标准样品和待检样品。例如，要配制 450 mL 1 mol/L 的氢氧化钠溶液，应选择一个体积相近的 500 mL 容量瓶。

（2）若配制见光易分解物质的溶液，应选择棕色容量瓶。例如，在准确配制高锰酸钾溶液时应选择棕色容量瓶。

说一说

☆ 准确配制 250 mL 0.02 mol/L EDTA（乙二胺四乙酸）溶液时，应选用多大规格的容量瓶？选用什么颜色的容量瓶？

☆ 用气相色谱法测定乙酸乙酯的纯度时，一般选用多大规格的容量瓶制作标准样品和待检样品？

（二）容量瓶的检查

在使用容量瓶前应先检查瓶塞是否漏水和标线位置是否合适。

（1）检查瓶塞是否漏水。试漏方法是加自来水至标线附近，塞紧瓶塞。用食指按住塞子，将瓶倒立 2 min，用干滤纸沿瓶口缝隙处检查有无水渗出。如果不漏水，将瓶直立，旋转瓶塞 180°，塞紧，再倒立 2 min，如仍不漏水，则可使用，如图 5-2 所示。

必须保持瓶塞与瓶子的配套，标以记号或用细绳、橡皮筋等把它系在瓶颈上，以防跌碎或与其他瓶塞混淆。平顶的玻璃塞和塑料塞可倒立于桌子上。

（2）检查标线位置是否合适。标线位置离瓶口太近，不便混匀溶液，则不宜使用。标线位置太低，接近容量瓶收缩口，定容不准确，也不宜使用。容量瓶标线位置如图 5-3 所示。

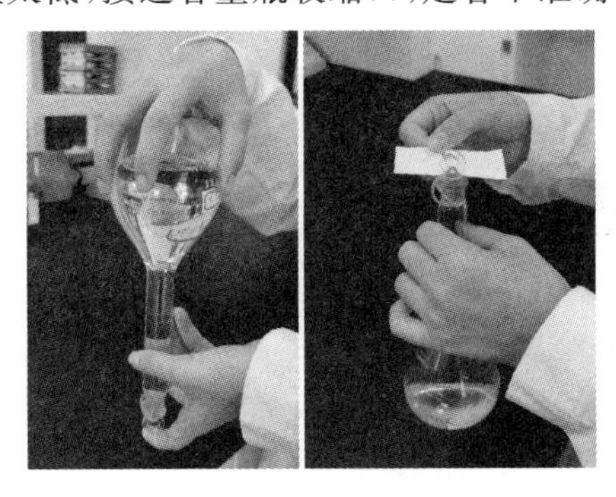

图 5-2　试漏操作

图 5-3　容量瓶标线位置

（三）容量瓶的洗涤

一般的玻璃器皿用毛刷蘸取肥皂水或合成洗涤剂刷洗，用自来水冲洗干净，再用少量蒸馏水润洗 3 次则可备用。容量瓶、移液管、吸量管、滴定管等测量准确度高的容器，为避免内壁受机械磨损而影响测量容积，不能用刷子刷，具体洗涤方法如下：

（1）当容量瓶不太脏时，用自来水冲洗干净，再用蒸馏水润洗 3 次则可备用。

（2）当容量瓶较脏时，应按下列方法洗涤，如图 5-4 所示。

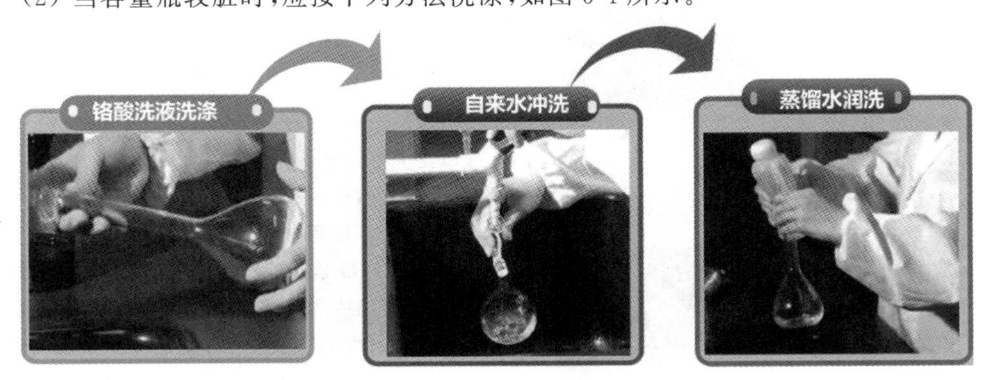

图 5-4　容量瓶的洗涤

① 将容量瓶中的残留水倒尽，再倒入 10～20 mL 的铬酸洗液；

② 盖上瓶塞，缓慢摇动并颠倒数次，让洗液布满全部内壁，然后放置数分钟；

③ 将洗液倒回原瓶，倒出时边转动容量瓶边倒出洗液，让洗液布满瓶颈，同时用洗液冲洗瓶塞；

④ 用自来水将容量瓶及瓶塞冲洗干净，冲洗液倒入废液缸；

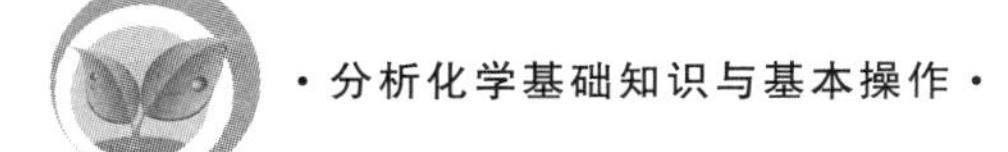

⑤ 用蒸馏水润洗容量瓶及瓶塞 3 次，盖好瓶塞，备用。

根据容量瓶的大小决定用水量，如 250 mL 容量瓶，第一次约用 30 mL 蒸馏水，第二次、第三次约用 20 mL 蒸馏水。洗净的容量瓶内壁和外壁能够被水均匀润湿而不挂水珠。如挂水珠，应重新洗涤。

二、容量瓶的使用

（一）溶液的配制（溶质为固体）

固体溶质溶液的配制过程如表 5-1 所示。

表 5-1　固体溶质溶液的配制过程及操作要点

序号	操作流程	操作图示	操作步骤及注意事项
1	称量		用电子分析天平准确称取一定质量的固体试样置于小烧杯中。 注意：称量过程中避免试样损失
2	溶解样品		（1）沿烧杯内壁加入适量的纯水或其他溶剂（如盐酸溶液）。 （2）用玻璃棒搅拌至固体试样溶解完全。 注意：① 溶解时加入溶剂的量不能过多。 ② 必要时可盖上表面皿，加热溶解，但溶液必须冷却至室温后才能转移到容量瓶中
3	转移溶液		（1）左手将盛放溶液的烧杯移近容量瓶的瓶口，右手拿起玻璃棒，将玻璃棒下端在烧杯内壁轻轻靠一下后插入容量瓶内磨口下 1～2 cm。 （2）将烧杯嘴紧靠玻璃棒中下部，逐渐倾斜烧杯使溶液沿玻璃棒和瓶颈内壁全部流入容量瓶中。 （3）烧杯中溶液流完后，将烧杯嘴贴紧玻璃棒稍向上提起，同时将烧杯慢慢直立，玻璃棒提起后就近放回烧杯中。 （4）用洗瓶小心吹洗玻璃棒和烧杯内壁 3～5 次（每次 5～10 mL），洗涤液按上法定量转入容量瓶中。 注意：玻璃棒下端要与瓶颈内壁相接触，但不能碰容量瓶的瓶口

续表

序号	操作流程	操作图示	操作步骤及注意事项
4	平摇		加水(或其他溶剂)稀释至容量瓶总容积的 3/4 左右时,用左手食指和中指夹住容量瓶瓶塞的扁头,将容量瓶拿起,右手指尖托住瓶底边缘按水平方向旋摇几周,使溶液初步混匀。 注意:平摇时不能盖上瓶塞
5	定容	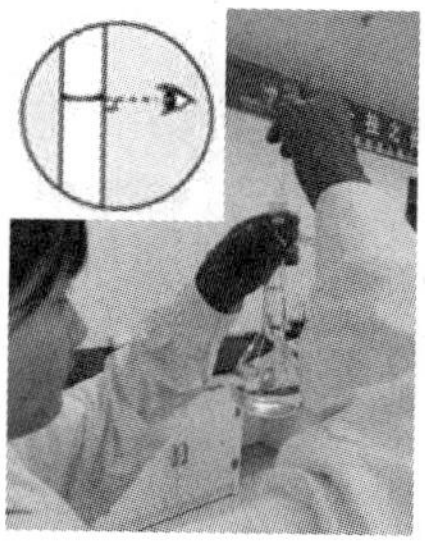	(1) 继续加水至距标线下约 1 cm 处,放置 1～2 min。 (2) 左手拇指和食指拿起容量瓶,保持垂直,使刻度线与视线保持水平,用尖嘴滴管加水至弯月面下缘与标线相切,盖紧瓶塞。 注意:若定容时不小心使液面超过了标线,不能用胶头滴管把多余的液体取出
6	摇匀	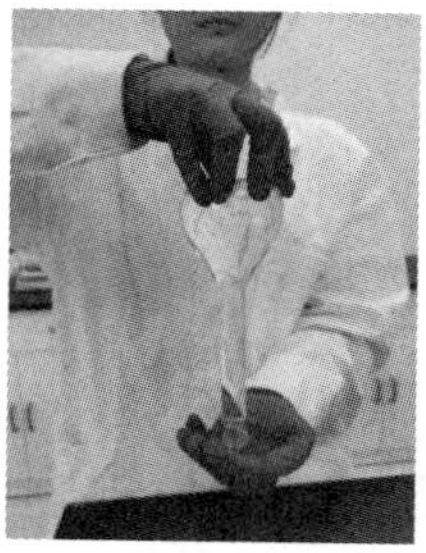	(1) 左手食指按住瓶塞,其余四指拿住瓶颈标线以上部分,右手指尖托住瓶底边缘,将容量瓶倒转,待气泡全部上移后将容量瓶旋摇数次,然后将容量瓶直立,让溶液完全流下至标线处,再次倒立摇匀。 (2) 如此反复 15 次左右。 注意:① 中间要数次放正容量瓶,将瓶塞稍提起,让瓶塞周围的溶液流下,重新盖好再倒转容量瓶,使溶液充分混匀。 ② 摇匀后发现液面低于标线,不能补加水至标线
7	配制完成		将容量瓶放正,打开瓶塞,将溶液转入洗净干燥的试剂瓶中保存,贴好标签,标签应注明溶液的名称和浓度。 注意:用毕后洗净容量瓶,在瓶口和瓶塞间夹一纸片,放在指定位置

说一说

☆ 试样溶解和转移过程中，玻璃棒是否能拿出烧杯或容量瓶放置，为什么？

☆ 溶液定容完成之前，容量瓶是否可以盖塞，为什么？

☆ 如果所配溶液为深色溶液，定容时是否也是弯月面下缘与标线相切？

☆ 如果溶液流到烧杯或容量瓶外壁，是否要重新配制溶液，为什么？

☆ 摇匀后如果发现液面低于标线，能否在容量瓶内加水，为什么？

（二）定量稀释溶液（溶质为液体）

用移液管移取一定体积的浓溶液到容量瓶中，加蒸馏水至 3/4 左右容积时初步混匀，再加蒸馏水至标线处，按前述方法混匀溶液。

（三）注意事项

（1）容量瓶购入后，都要先清洗，然后进行校准，校准合格后才能使用。

（2）容量瓶不能用任何方式加热，以免改变其容积而影响测量的准确度。

（3）配制的溶液应及时转移到试剂瓶中，容量瓶不能长久储存溶液，不能将容量瓶作为试剂瓶使用。因为溶液（特别是碱性溶液）可能会对瓶体有腐蚀性，从而使容量瓶的精度受到影响。

（4）稀释过程中放热的溶液应在稀释至容量瓶容积的 3/4 时摇匀，并待冷却至室温后，再继续稀释至标线。

（5）使用后的容量瓶应立即冲洗干净。闲置不用时，可在瓶口处垫一小纸条以防黏结。

说一说

☆ 小张同学在配制 500 mL 0.2 mol/L 氢氧化钠溶液时，由于找不到 500 mL 容量瓶，他用 250 mL 容量瓶配了 2 次。你认为他的方法是否可行？为什么？

操作练习

活动 1 容量瓶的使用练习

主要任务

◇ 选择容量瓶。

◇ 洗涤容量瓶。

◇ 练习容量瓶的使用。

实验操作指导书

1. 检查容量瓶的质量和有关标志

容量瓶有无破损________，标线位置是否合适________，瓶塞是否漏液________。

2. 容量瓶的洗涤

（1）选择的洗涤液是________。

（2）洗净后的容量瓶是否挂液________。

3. 容量瓶的使用操作

（1）溶解。把准确称量好的固体试样放在烧杯中，用少量________溶解。

（2）转移。将烧杯内的溶液转移到容量瓶中要用________引流，玻璃棒“两靠一不靠”指的是____。为保证溶质能全部转移到容量瓶中，至少用水洗涤烧杯____次，并将洗涤溶液全部转移到容量瓶里。

（3）平摇。加水至容量瓶总体积的________左右时，________摇动容量瓶数圈。

（4）定容。向容量瓶内加水至离标线________左右，放置________ min，改用滴管小心滴加水至溶液（凹/凸）________液面和标线相切。若加水超过标线，则需重新配制。

（5）摇匀。盖紧瓶塞，颠倒摇动容量瓶________次以上。

（6）结束工作。实验结束后洗净容量瓶，在瓶口和瓶塞间夹________，放在指定位置。

以上操作反复练习，直至熟练为止。

活动2 生理盐水的准确配制

实验原理

生理盐水是一种常见的医疗用品，其就是氯化钠溶液，将氯化钠的浓度控制在0.9%即可。

主要任务

◇ 准确配制0.9%的生理盐水250 mL。

◇ 对容量瓶的使用情况进行考核。

仪器与试剂

电子分析天平、烧杯（100 mL）、容量瓶（250 mL）、药匙、食盐。

实验操作指导书

用电子分析天平准确称取食盐2.3 g至100 mL小烧杯中，用适量蒸馏水溶解后转移至250 mL容量瓶中，稀释定容至标线。配制完成后转移至试剂瓶中，贴好标签。学生两人一组，一个学生操作，另一个学生依据表5-2进行评价，正确打√，错误打×。

表5-2 容量瓶基本操作评分细则

项目		操作要领	正确	错误
容量瓶的使用	准备	试漏时倒立2 min		
		用滤纸沿瓶口缝隙处检查是否漏水		
		洗净后的容量瓶不挂液		
	溶解	玻璃棒搅拌时不触底、不碰壁		
		溶解时加入蒸馏水的体积不超过烧杯容积的1/2		

续表

项目		操作要领	正确	错误
容量瓶的使用	转移溶液	玻璃棒下端在烧杯内壁靠一下		
		玻璃棒插入容量瓶内 1～2 cm		
		玻璃棒下端和瓶颈内壁相接触		
		烧杯嘴贴紧玻璃棒稍向上提		
		洗涤玻璃棒和烧杯内壁 3 次以上		
		稀释至 2/3～3/4 容积时初步摇匀		
		水平方向旋摇几周，不加塞		
		稀释至标线下时放置 1～2 min		
	定容	标线和视线保持水平		
		定容准确		
		溶液完全流至标线处，倒立摇匀		
		摇匀过程中有提盖操作		
		摇匀次数在 15 次以上		
		操作过程中无漏液现象		
	结束	溶液转移到试剂瓶		
		试剂瓶贴好标签		
		用完洗净容量瓶		
		放置时在瓶口处垫一纸片		

目标检测

一、单项选择题

1. 下列仪器可在沸水浴中加热的是（　　）。

A. 容量瓶　　B. 滴定管　　C. 移液管　　D. 锥形瓶

2. 配制准确体积的标准溶液和被测溶液时，要用（　　）。

A. 烧杯　　B. 量筒　　C. 容量瓶　　D. 滴定管

3. 洗涤玻璃仪器的正确操作顺序为（　　）。

A. 自来水、洗涤液、自来水　　B. 洗涤液、自来水

C. 自来水、洗涤液、自来水、蒸馏水　　D. 蒸馏水、自来水

4. 冲净洗涤液和自来水时，至少需要用蒸馏水涮洗玻璃仪器（　　）。

A. 1 次　　B. 2 次　　C. 3 次　　D. 10 次

5. 下列操作中，（　　）不是容量瓶具备的功能。

A. 直接法配制一定体积准确浓度的标准溶液

B. 定容操作

C. 测量容量瓶规格以下的任意体积的液体

D. 准确稀释某一浓度的溶液

6. 将固体溶质在小烧杯中溶解，必要时可加热。溶解后溶液转移到容量瓶中时，下列操作错误的是(　　)。

A. 趁热转移

B. 使玻璃棒下端和容量瓶颈内壁相接触，但不能和瓶口接触

C. 缓缓使溶液沿玻璃棒和容量瓶颈内壁全部流入容量瓶内

D. 用洗瓶小心冲洗玻璃棒和烧杯内壁 3～5 次，并将洗涤液一并移至容量瓶内

7. 使用容量瓶时，下列操作正确的是(　　)。

A. 将固体试剂放入容量瓶中，加入适量的水，加热溶解后稀释至刻度

B. 热溶液应冷却至室温后再转入容量瓶并稀释至标线

C. 容量瓶中长久储存溶液

D. 容量瓶闲置不用时，盖紧瓶塞，放在指定位置

8.如发现容量瓶漏水，则应(　　)。

A. 调换磨口塞　　B. 在瓶塞周围涂油

C. 停止使用　　D. 摇匀时勿倒置

二、判断题

1. 容量瓶能够准确量取所容纳液体的体积。(　　)

2. 用纯水洗涤玻璃仪器时，使其既干净又节约用水的方法是少量多次。(　　)

3. 容量瓶在闲置不用时，应在瓶塞及瓶口处垫一纸条，以防黏结。(　　)

4. 定容时，将容量瓶放在桌面上，使标线和视线保持水平，滴加蒸馏水至弯月面下缘与标线相切。(　　)

5. 稀释至总容积的 3/4 时，将容量瓶拿起，盖上瓶塞，反复颠倒摇匀。(　　)

三、分析表 5-3 中过失操作或不规范操作对溶液浓度的影响

表 5-3　过失操作或不规范操作的影响

序号	过失操作或不规范操作	使溶液浓度偏高或偏低
1	在烧杯中溶解溶质，搅拌时不慎溅出少量溶液	
2	未将洗涤烧杯内壁的溶液转移至容量瓶	
3	容量瓶中所配的溶液液面未到标线便停止加水	
4	将配得的溶液从容量瓶转移到干燥、洁净的试剂瓶中时，有少量溅出	
5	将烧杯中的溶液转移到容量瓶之前，容量瓶中有少量蒸馏水	
6	容量瓶中液面将达到标线时，俯视标线和液面	

阅读材料

科学泰斗　谨严立身

黄本立院士，1925年9月21日出生于香港，籍贯广东新会，光谱化学家，中国科学院院士，厦门大学教授、博士研究生导师。多年来，黄本立院士一如既往，一直致力于原子光谱分析的研究，在原子发射、原子吸收、原子荧光和激光光谱分析的理论、方法、应用和仪器装置等方面为中国原子光谱事业的开创、发展以及多层次人才的培养做出了重要贡献。

黄本立院士一向对自己的学生要求严格，他经常说，科学家也是社会的一分子，做科学家之前首先要做一个大写的人。他主张写论文一定要以实验结果为基础，切忌自我吹嘘、夸大其词。学生文章中使用的浮夸词汇，他发现后会毫不客气地统统删掉。他经常教导学生，有的人刚出了一些成绩，便自吹自擂，千万不要去学这些做法，一定要实事求是，不可以有一说二。他送给青年学生的四句话完美地概括了他的人生追求："踏踏实实做人，认认真真做事，勇于挑战权威，勇于追求真理。"

任务6　移液管和吸量管的使用

任务目标

◆ 知识目标

1. 了解移液管和吸量管的规格与用途；
2. 掌握移液管和吸量管的洗涤方法及要求；
3. 熟知移液管和吸量管的使用方法及注意事项。

◆ 能力目标

1. 能根据任务要求选择合适的移液管和吸量管；
2. 能正确洗涤并规范使用移液管和吸量管。

◆ 素养目标

1. 培养学生认真、细致的科学态度；
2. 养成良好的实验台整理习惯，树立安全作业意识。

情景导入

认识移液管和吸量管

吸管是用来准确移取一定体积液体的玻璃量器。吸管分单标线吸管（移液管）和分度吸管（吸量管）两类。移液管和吸量管都是用于准确移取一定量溶液的量出式计量玻璃仪器。移液管是一支细长且中间有膨大的玻璃管，如图 6-1 所示。管颈上部刻有环形标线，标有量出式符号，表示在所指定的温度（一般为 20 ℃）下，吸取溶液的弯月面与移液管的标线相切，再让溶液按规定操作方法自由流出，所流出溶液的体积与管上表示的体积相同。移液管常用的规格有 1 mL、2 mL、5 mL、10 mL、25 mL、50 mL、100 mL等。吸量管是具有分刻度的玻璃管，两端直径较小，中间管身直径相同，可用来准确量取标示范围内任意体积的溶液，如图 6-1 所示。吸量管转移溶液的准确度不如移液管。应该注意，有些吸量管的分刻度不是刻到管尖，而是离管尖尚差 1～2 cm。常用的吸量管有 1 mL、2 mL、5 mL、10 mL 等规格。

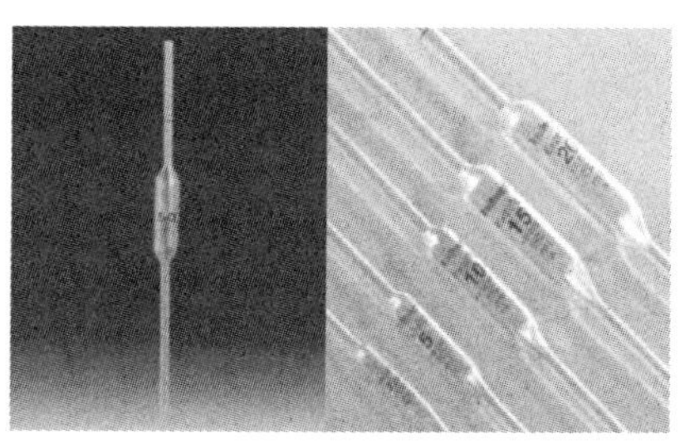
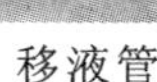
移液管

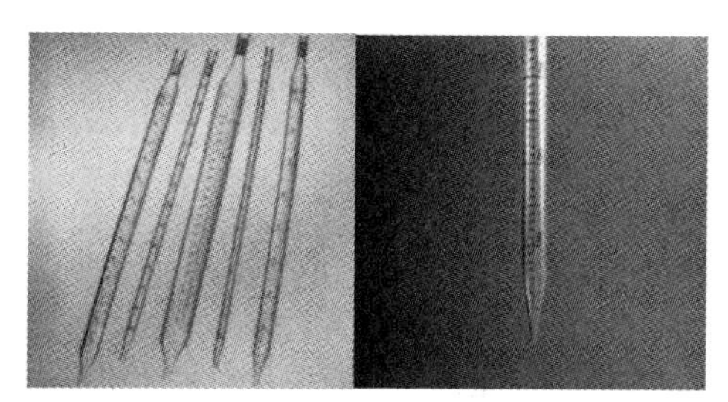
吸量管

图 6-1 移液管和吸量管

说一说

☆ 移取溶液时,使用移液管、吸量管与使用量筒、量杯有何不同?

☆ 若要准确移取 25.00 mL 溶液,应选择哪种仪器量取?

☆ 移液管和吸量管内的溶液是否都可以全部放完?为什么?

学习资料

一、移液管和吸量管的选择、检查及洗涤

(一) 移液管和吸量管的选择

应根据所移溶液的体积和要求选择合适规格的移液管。在滴定分析中准确移取溶液一般使用移液管,反应需控制试液加入量时一般使用吸量管。例如,准确移取 25.00 mL 溶液至锥形瓶需选用 25 mL 移液管;依次准确移取 2.00 mL、4.00 mL、6.00 mL、8.00 mL、10.00 mL 溶液至 5 个 100 mL 容量瓶需选用 10 mL 吸量管。

说一说

☆ 移液管和吸量管有什么共同点和不同点?

☆ 准确移取 100.00 mL 溶液,需选用多大规格的移液管?

(二) 移液管和吸量管的检查

(1) 使用前需要检查管内壁是否有污染,尤其是脂肪污染;是否有破损,特别是管尖和管口,若有破损则不能使用,如图 6-2 所示。

(2) 检查吸管上面的文字说明,比如准确度等级、刻度标线位置,特别是最大容量。

(三) 移液管和吸量管的洗涤

移液管和吸量管的洗涤方法相同,下面以移液管为例进行说明。

(1) 移液管不太脏时,用自来水冲洗干净,再用蒸馏水润洗 3 次则可备用。

(2) 移液管不能用水冲洗干净时,可用合成洗涤剂或铬酸洗液洗涤。洗涤方法是:右手拿移液管上端合适位置,左手拿洗耳球,将洗耳球尖口插入移液管上口,吸取洗液至球部的 1/4～3/4 处,将移液管横过来,用两手的拇指及食指分别拿住移液管的两端,转动移

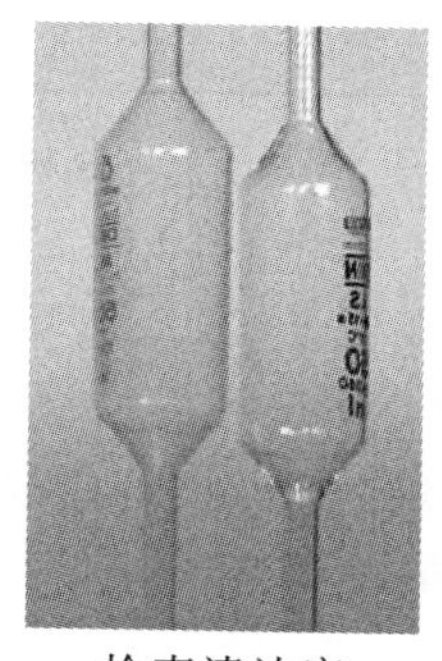

检查清洁度

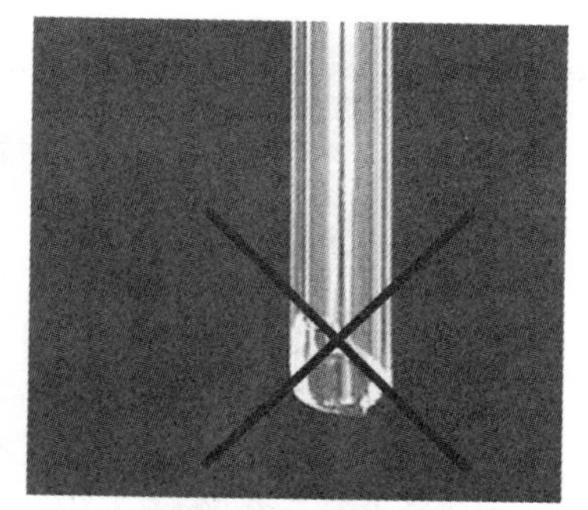

检查管的状态（图中为破损）

图 6-2　检查清洁度和管的状态

液管并使洗液布满全管内壁，停放 1～2 min，洗液放回原瓶。再依次用自来水、蒸馏水冲洗。

（3）如果内壁污染严重，则应将移液管或吸量管放入盛有洗液的大量筒中，浸泡 15 min至数小时，取出后再用自来水冲洗、蒸馏水润洗。

移液管洗净的标志是内壁与外壁不挂水珠。将洗好的移液管放在干净的移液管架上。

二、移液管和吸量管的使用及注意事项

（一）移液管的使用

移液管的使用方法如表 6-1 所示。

表 6-1　移液管的使用方法

序号	操作流程	操作图示	操作步骤及注意事项
1	润洗		（1）摇匀待吸溶液，将适量待吸溶液倒入洁净干燥的小烧杯中。 （2）用滤纸将清洗过的移液管尖端内外的水分吸干，插入小烧杯内吸取溶液。 （3）当溶液吸至移液管容积的 1/3 时，立即用右手食指按住管口，取出并转动移液管，使溶液浸润全管内壁。 （4）当溶液流至标线以上 2～3 cm 时，将移液管直立，使溶液从下端尖口处排入废液杯内。 （5）润洗 3～4 次后即可吸取溶液。 注意：吸出的溶液不能流回原瓶，以防稀释溶液

续表

序号	操作流程	操作图示	操作步骤及注意事项
2	吸取溶液	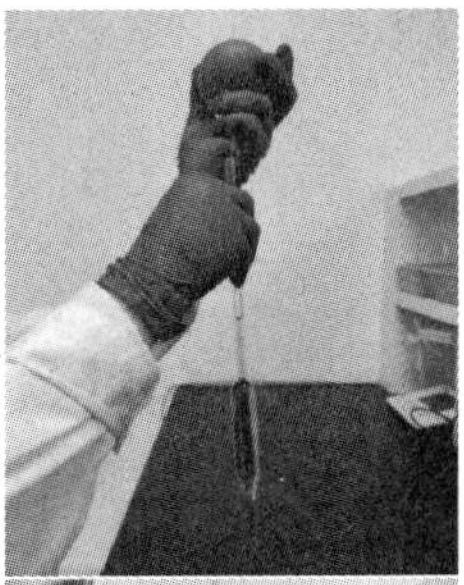 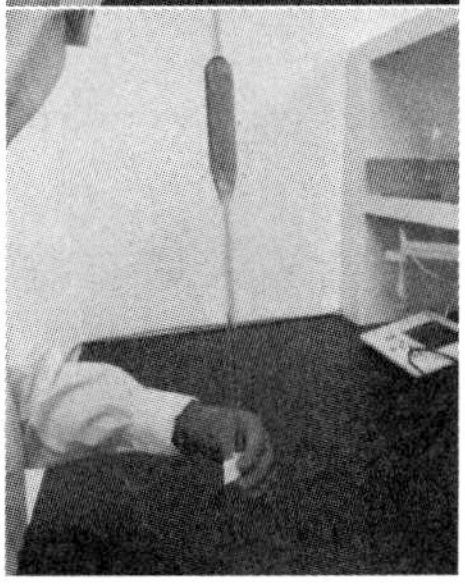	(1) 将移液管插入待吸溶液液面下 1～2 cm 处，用洗耳球吸取溶液，并随液面的下降而下移，始终保持此深度。 (2) 当管内液面上升至标线以上 1～2 cm 时，迅速移去洗耳球，用右手食指堵住管口，将移液管提出待吸液面，并使管尖端接触待吸液容器内壁片刻后提起，用滤纸擦干移液管下端黏附的少量溶液。 注意：移动移液管时应保持移液管垂直，不能倾斜
3	调节液面	 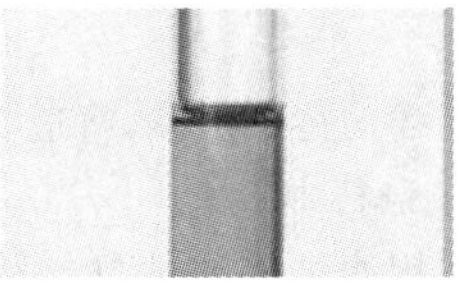	(1) 移液管尖紧靠在小烧杯内壁，烧杯倾斜，使移液管保持垂直。 (2) 视线和标线保持水平，右手食指微松开(或用拇指和食指轻轻转动移液管，使管内溶液慢慢从下口流出)，液面平稳下降，当溶液的凹液面最低点与标线相切时，立即用食指压紧管口，将尖口处紧靠烧杯内壁，向烧杯口移动少许，去掉尖口的液滴。 注意：烧杯倾斜，使移液管保持垂直
4	放出溶液	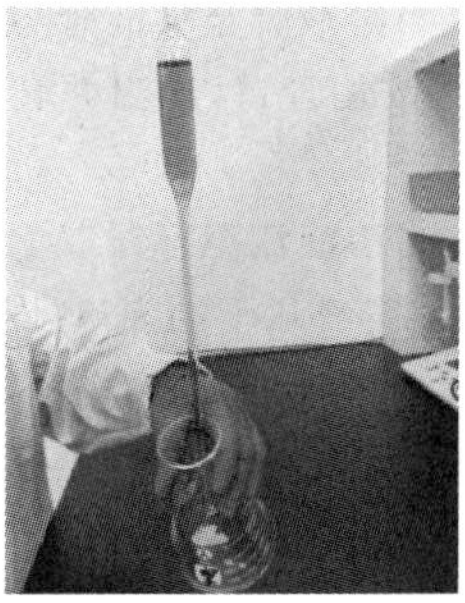	(1) 将移液管小心地移入承接溶液的容器内，移液管保持直立，接受器倾斜 30°～45°角，移液管尖端紧靠容器内壁并让其垂直。 (2) 松开食指，让溶液沿内壁自然流下，溶液下降至管尖时，再保持放液姿态停留 15 s。 注意：① 溶液从管中流出时，不应将移液管的尖端浸入溶液中。 ② 放尽溶液后，管尖端会残留一定的液体，不可用外力使其流出。 ③ 如管上标有“吹”字，应用洗耳球吹空移液管

续表

序号	操作流程	操作图示	操作步骤及注意事项
5	移液 结束		（1）移液管在使用完毕后，应立即用自来水及蒸馏水冲洗干净。 （2）将移液管置于移液管架上。 注意：使用完毕后要清洗移液管，并注意保养，爱护仪器

（二）吸量管的使用

使用吸量管移取溶液时，吸取溶液和调节液面至上端标线的操作与移液管相同。放液时要用食指控制管口，使液面慢慢下降至与所需刻度相切时，按住管口，随即将吸量管从接受器中移开。

说一说

☆ 润洗移液管时，吸出的溶液能否流回原瓶，为什么？

☆ 吸取溶液时，为什么移液管要插入待吸溶液液面下 1～2 cm？

☆ 为什么放出溶液时移液管尖要靠壁停留 15 s，管尖靠接受器内壁轻轻旋转一周？

☆ 是否可以用洗耳球吹出管尖的溶液，为什么？

（三）注意事项

（1）移液管（或吸量管）不应在烘箱中烘干，以免改变其容积。

（2）移液管（或吸量管）不能移取太热或太冷的溶液。

（3）同一实验中应尽可能使用同一支移液管；同一分析工作，应使用同一支移液管或吸量管。

（4）移液管在使用完毕后，应立即用自来水及蒸馏水冲洗干净，置于移液管架上。

（5）移液管和容量瓶常配合使用，因此在使用前常对两者的相对体积进行校准。

（6）在使用吸量管时，为了减小测量误差，每次都应以最上面刻度（零刻度）处为起始点，往下放出所需体积的溶液，而不是需要多少体积就吸取多少体积。

操作练习

活动1 移液管的使用练习

主要任务

◇ 选择移液管。

◇ 洗涤移液管。

◇ 练习移液管的使用。

实验操作指导书

1. 检查移液管的质量和有关标志

移液管的上管口是否平整________，流液口是否破损________。

2. 移液管的洗涤

(1) 选择的洗涤液________________________________。

(2) 洗净后的移液管是否挂液______________________。

3. 移液管的操作

(1) 润洗移液管。用待吸取溶液润洗________次。

(2) 吸取溶液。用洗耳球将待吸溶液吸至________，堵住管口，用________擦干外壁。

(3) 调节液面。将溶液的(凹/凸)________液面调至与标线相切。

(4) 放出溶液。将移液管移至另一接受器中，保持移液管垂直，接受器倾斜，移液管的流液口紧触接受器的内壁。放松手指，让液体自然流出，流完后停留________，保持触点，将管尖____________________。

(5) 结束工作。洗净移液管，放置在移液管架上。

以上操作反复练习，直至熟练为止。

活动2 等量蒸馏水的移取

实验原理

移液管是用来准确移取一定体积液体的玻璃量器。用同一支移液管准确移取相同体积的溶液，其质量是相同的。

主要任务

◇ 用移液管准确移取等量蒸馏水至具塞瓶。

◇ 对移液管的使用情况进行考核。

仪器与试剂

电子分析天平、烧杯(100 mL)、移液管(25 mL)、具塞瓶(100 mL)、蒸馏水。

实验操作指导书

用25 mL移液管准确移取25.00 mL蒸馏水至100 mL具塞瓶，每个具塞瓶中移3次；在电子分析天平上称量所移蒸馏水的质量。按上述方法连续移5份，要求每个具塞瓶中移取蒸馏水质量的极差应不超过0.04 g。学生两人一组，一个学生操作，另一个学生依据表6-2进行评价，正确打√，错误打×。

表6-2 移液管基本操作

项目		操作要领	正确	错误
移液管的使用	移液管的准备	吸取洗液至球部的1/4～3/4处		
		洗液布满全管内壁		
		移液管内壁不挂水珠		
		润洗前管尖及外壁的水用滤纸擦干		

续表

<table>
<tr><th colspan="2">项目</th><th>操作要领</th><th>正确</th><th>错误</th></tr>
<tr><td rowspan="20">移液管的使用</td><td rowspan="5">移液管的准备</td><td>润洗时待吸液用量为管体积的 1/3</td><td></td><td></td></tr>
<tr><td>润洗时溶液流至标线以上 2～3 cm</td><td></td><td></td></tr>
<tr><td>用待吸液润洗 3 次以上</td><td></td><td></td></tr>
<tr><td>润洗后废液的排放(从下口排出)</td><td></td><td></td></tr>
<tr><td>洗涤液放入废液杯(没有放入原瓶)</td><td></td><td></td></tr>
<tr><td rowspan="7">溶液的移取</td><td>左手握洗耳球</td><td></td><td></td></tr>
<tr><td>右手持移液管</td><td></td><td></td></tr>
<tr><td>吸液时管尖插入液面的深度(1～2 cm)</td><td></td><td></td></tr>
<tr><td>吸液高度(标线以上少许)</td><td></td><td></td></tr>
<tr><td>调节液面之前擦干外壁</td><td></td><td></td></tr>
<tr><td>调节液面时视线水平</td><td></td><td></td></tr>
<tr><td>调节液面时管尖靠壁,管身垂直</td><td></td><td></td></tr>
<tr><td rowspan="4">放溶液</td><td>放溶液时移液管垂直</td><td></td><td></td></tr>
<tr><td>放溶液时接受器倾斜 30°～45°</td><td></td><td></td></tr>
<tr><td>放溶液时移液管管尖靠壁</td><td></td><td></td></tr>
<tr><td>放完停留 15 s,移液管尖端靠接受器
内壁轻轻旋转一周</td><td></td><td></td></tr>
<tr><td>结束工作</td><td>用完后洗净,放在移液管架上</td><td></td><td></td></tr>
</table>

数据记录与处理

将数据填入表 6-3 并进行处理。

表 6-3　等量蒸馏水的移取

<table>
<tr><th>项目</th><th>1</th><th>2</th><th>3</th><th>4</th><th>5</th></tr>
<tr><td>移取蒸馏水的体积 V/mL</td><td></td><td></td><td></td><td></td><td></td></tr>
<tr><td>移取蒸馏水的质量 m/g</td><td></td><td></td><td></td><td></td><td></td></tr>
<tr><td>移取蒸馏水质量的极差 R/g</td><td colspan="5"></td></tr>
</table>

目标检测

一、单项选择题

1. 准确量取一定量液体体积的玻璃量器为(　　)。

A. 量筒、烧杯、移液管　　B. 移液管、容量瓶、量杯

C. 移液管、吸量管　　D. 吸量管、容量瓶、量杯

2. 粗略地量取一定体积的液体，要用(　　)。

A. 量筒　　B. 容量瓶　　C. 滴定管　　D. 移液管

3. 选择玻璃量器的依据是(　　)。

A. 要量取液体体积的大小　　B. 要量取液体体积的准确度

C. 要量取液体体积的大小和准确度　　D. 要量取液体体积的大小和精密度

4. 使用吸量管时，以下操作正确的是(　　)。

A. 将洗耳球紧接在管口上再排出其中的空气

B. 将涮洗溶液从上口放出

C. 放出溶液时，使管尖与容器内紧贴，且保持管身垂直

D. 用烘烤法进行干燥

5. 在放出移液管中的溶液时，下列操作错误的是(　　)。

A. 将移液管或吸量管直立，接受器倾斜

B. 管尖与接受器内壁接触

C. 溶液流完后，保持放液状态停留 15 s

D. 用洗耳球吹出管尖处溶液

6. 用移液管吸取溶液时，下列操作正确的是(　　)。

A. 用待吸取溶液润洗移液管 3～4 次

B. 将移液管插入待吸液面下较深处，以免吸空

C. 用右手的拇指按住管口

D. 将溶液吸至标线以上，快速放至标线

7. 从 250 mL 容量瓶中移取 3 份 25 mL 溶液，应选择下列哪种规格的移液管？(　　)

A. 10 mL 移液管　　B. 25 mL 移液管

C. 10 mL 吸量管　　D. 50 mL 移液管

8.使用移液管吸取溶液时，应将其下口插入液面以下(　　)。

A. 0.5～1 cm　　B. 5～6 cm　　C. 1～2 cm　　D. 7～8 cm

9.放出移液管中的溶液时，当液面降至管尖后，应等待(　　)。

A. 5 s　　B. 10 s　　C. 15 s　　D. 20 s

10.移液管的使用方法及注意事项有(　　)。

A. 移液管在放液时应紧贴着瓶壁，慢慢放

B. 移液管在放液时不用紧贴瓶壁，把液放干净为止

C. 用移液管往瓶内移液时，最后残留的液滴要吹干净

D. 用移液管往瓶内移液时，最后残留的液滴应用嘴吹干净

二、判断题

1. 25 mL 移液管移出的溶液体积应记为 25.00 mL。(　　)

2. 移液管可在烘箱中烘干，或在电炉上方烘烤。(　　)

3. 移液管和吸量管不能移取太热或太冷的溶液。(　　)

4. 移液管在使用完毕后，应立即用自来水及蒸馏水冲洗干净，置于移液管架上。(　　)

5. 用移液管移取溶液时，必须将残留在管尖内的少量溶液吹出。（　　）

三、分析图 6-3 中的不规范操作，并指出该如何改正

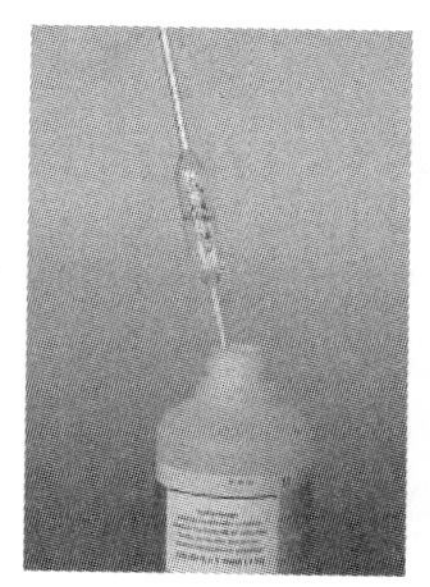

移取溶液

调液面

放溶液1

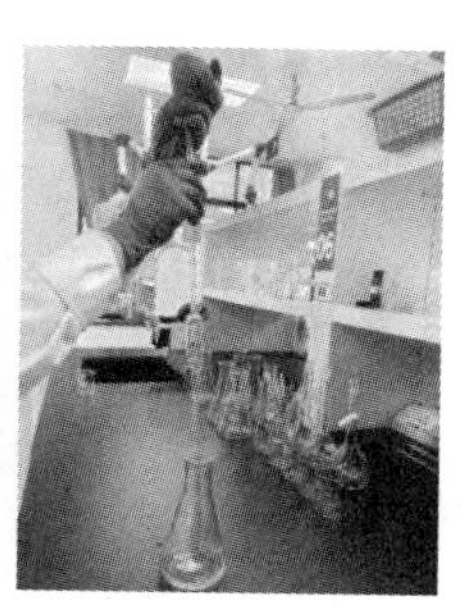

放溶液2

图 6-3　不规范操作

阅读材料

心系祖国的化学宗师

傅鹰在童年时代受到父亲傅仰贤的影响，深感国家频遭外国列强欺侮是国家贫弱和清廷腐败所致，遂萌发了为国家的尊严而发奋图强的愿望。1919 年，傅鹰考入燕京大学化学系。这一年，受五四运动和《新青年》等进步杂志的影响，傅鹰发奋苦读，立志走科学救国的道路。1922 年，傅鹰以优异的成绩获得公费赴美留学名额，到美国密歇根大学化学系攻读博士学位。

傅鹰在密歇根大学进行一年博士后研究后，国内的东北大学向他发出了回国任教的邀请。于是 1929 年夏，傅鹰回到了阔别 7 年的祖国。在航行于太平洋的轮船上，傅鹰填词一首赠给尚留美继续学业的张锦："……待归来，整理旧山河，同努力！"

1953 年，以傅鹰、张更、张锦、曹本熹、武迟、朱亚杰等为代表的一大批精英从清华大学、北京大学等汇聚到北京海淀区九间房村一带，创建了新中国第一所石油高等学府——北京石油学院。他们凭着满腔热血和豪情壮志，克服重重困难，为国家输送了一大批急需的优秀人才，为中国石油高等教育体系的建立、完善和发展做出了重要贡献。

任务7　实验室常用溶液的配制

任务目标

◆ **知识目标**

1. 了解溶液浓度常用的表示方法；
2. 掌握溶液浓度的计算方法；
3. 学会固体试剂和液体试剂的取用方法；
4. 掌握一定浓度溶液的配制方法和基本操作。

◆ **能力目标**

1. 能根据溶液的体积及浓度计算所需溶质的量；
2. 能结合实验室条件制定合理的配制方案；
3. 能正确使用电子分析天平、容量瓶等分析仪器独立完成溶液的配制。

◆ **素养目标**

1. 能服从组长安排，相互配合完成溶液的配制，培养学生善于合作、勤于思考的科学素养；

2. 能安全使用化学药品，不浪费，关注操作中的人身安全和环境保护等，培养学生的HSE（健康、安全与环境）理念。

情景导入

认识溶液的浓度

日常生产和生活中，我们经常会接触到溶液，比如蓝色溶液有硫酸铜溶液、氯化铜溶液和硝酸铜溶液；浅绿色溶液有硫酸亚铁溶液、氯化亚铁溶液和硝酸亚铁溶液；紫红色溶液是高锰酸钾溶液；黄色溶液有硫酸铁溶液、氯化铁溶液和硝酸铁溶液等。对于有色溶液，我们可以根据溶液颜色的深浅区分溶液是浓还是稀。但这种方法比较粗略，不能准确地表明一定量的溶液里究竟含有多少溶质，即溶液的浓度。例如，在施用农药时，就应较准确地知道一定量的药液里所含农药的量。如果药液过浓，会毒害农作物，如果药液过稀，又不能有效地杀灭害虫，因此，我们需要准确地知道溶液的浓度。

说一说

☆ 化学分析实验室常用的溶液有哪些？是如何配制的？

学习资料

分析工作中常用到各种各样的溶液，如常用的酸、碱、盐溶液，标准溶液，指示剂溶液，缓冲溶液，特殊试剂和制剂溶液等。由于化学试剂的性质不同，对溶液组成浓度的准确度要求不同，所用溶剂不同，配制方法、操作要求也不同。

常用的表示溶液浓度的方法有物质的量浓度、质量浓度、质量分数、体积分数、体积比浓度、滴定度等。选择合适的浓度单位既能简洁明了、恰当地表示待测组分的含量，又方便过程的计算。

一、溶液浓度常用表示方法及计算

溶液浓度常用的表示方法如表 7-1 所示。

表 7-1 溶液浓度的表示方法

序号	浓度类型	符号	单位	表达式
1	物质的量浓度	c_A	mol/L	$c_A=\frac{n_A}{V}$
2	质量浓度	ρ_B	g/L	$\rho_B=\frac{m_B}{V}$
3	质量分数	ω	—	$\omega=\frac{m}{m_{样}}\times100\%$
4	体积分数	φ	—	$\varphi=\frac{V}{V_{样}}\times100\%$
5	体积比浓度	$A+B$	—	$V_A=\frac{A}{A+B}\times V$
6	滴定度	$T_{B/A}$（A 是标准滴定溶液，B 是待测组分）	—	—

说一说

☆ 图 7-1 中所示的溶液浓度是什么类型的浓度？

酱油等级表

氨基酸态氮含量	等级
≥0.80 g/100 mL	特级
≥0.70 g/100 mL	一级
≥0.55 g/100 mL	二级
≥0.40 g/100 mL	三级

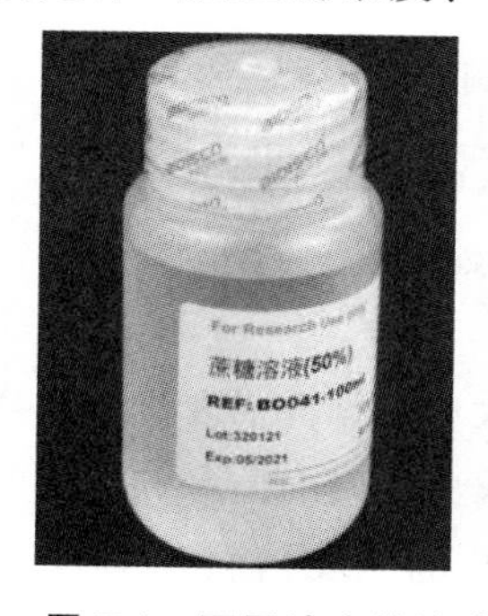

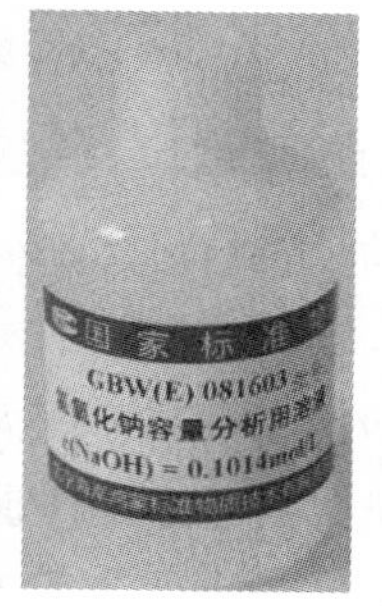

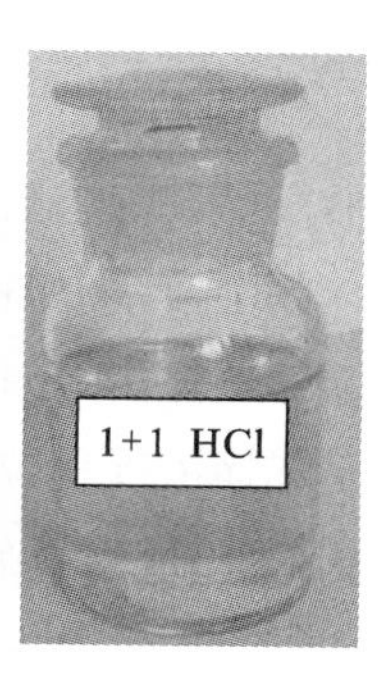

图 7-1 不同浓度的溶液

（一）物质的量浓度

物质的量浓度是指单位体积溶液所含溶质 A 的物质的量，以符号 c_A 表示，即

$$c_A = \frac{n_A}{V}$$

式中：c_A——溶液物质的量浓度，mol/L；

n_A——溶质 A 的物质的量，mol；

V——溶液的体积，L。

摩尔是物质的量的单位，1 mol 所包含的基本单元数与 0.012 kg ^{12}C 的原子数目相等，即 6.02×10^{23}。基本单元可以是原子、离子、分子、电子及其他粒子，或特定的组合，使用摩尔时，应指明基本单元，如 $n(HCl)$、$n\left(\frac{1}{2}H_2SO_4\right)$、$n\left(\frac{1}{5}KMnO_4\right)$。

摩尔质量是单位物质的量所具有的质量，以 M 表示，其单位为 g/mol，摩尔质量的数值与选定的基本单元有关，当基本单元为分子或原子时，其摩尔质量等于相对分子质量或相对原子质量。如 $M(H_2SO_4)=98.08$ g/mol，$M\left(\frac{1}{2}H_2SO_4\right)=49.04$ g/mol。

【例 7-1】将 11.688 g 氯化钠配成 500.0 mL 的溶液，求该溶液的物质的量浓度。已知氯化钠的摩尔质量为 58.44 g/mol。

【解】(1) 求氯化钠的物质的量：

$$n_A = \frac{m}{M} = \frac{11.688}{58.44}\ \text{mol} = 0.2000\ \text{mol}$$

(2) 将体积单位换算成 L：

$$500.0\ \text{mL} = 0.5000\ \text{L}$$

(3) 计算物质的量浓度：

$$c_A = \frac{n_A}{V} = \frac{0.2000}{0.5000}\ \text{mol/L} = 0.4000\ \text{mol/L}$$

（二）质量浓度

质量浓度是指单位体积溶液所含溶质 B 的质量，以符号 ρ_B 表示，即

$$\rho_B = \frac{m_B}{V}$$

式中：ρ_B——溶液的质量浓度，g/L、mg/L、μg/mL；

m_B——溶质的质量，g、mg、μg；

V——溶液的体积，mL、L。

选择浓度单位时，应根据浓度大小及计算需要选择，尽量避免数值过大或小数点后位数过多。计算时，首先根据已知条件求出溶质的质量 m，再代入公式求得溶液的质量浓度。

【例 7-2】配制 100.0 mL 9 g/L 的 NaCl 溶液，需称取 NaCl 固体多少克？

【解】(1) 将体积单位换算成 L：

$$100.0\ \text{mL}=0.1000\ \text{L}$$

(2) 求氯化钠的质量:

$$m_B=\rho_B V=9\times0.1\ \text{g}=0.9\ \text{g}$$

(三) 质量分数

质量分数是指溶液中溶质的质量与全部溶液质量之比,也指化合物(或混合物)中某种物质的质量占总质量的百分比,以符号 ω 表示,即

$$\omega=\frac{m}{m_{样}}\times100\%$$

式中:m——溶质的质量,g;

$m_{样}$——样品的质量(或溶液的质量),g。

市售试剂,一般用质量分数表示。如"65%"的 HNO_3,表示在 100 g 硝酸溶液中含有 65 g 纯 HNO_3 和 35 g 水。这种浓度在实验室中很少采用,主要用在生产上。

【例 7-3】 配制 50.0 mL 0.5 mol/L HCl 溶液需量取 37% 的浓 HCl(M(HCl)=36.46 g/mol,ρ=1.19 g/cm^3)多少毫升?

【解】 (1) 将体积单位换算成 L:

$$50.0\ \text{mL}=0.0500\ \text{L}$$

(2) 求 50.0 mL 0.5 mol/L HCl 溶液溶质 HCl 的质量:

$$m_B=n_BM=c_BVM(\text{HCl})=0.5\times0.0500\times36.46\ \text{g}=0.9115\ \text{g}$$

(3) 求需量取浓 HCl 溶液的体积:

$$V=\frac{m}{\rho}=\frac{m_B}{w_\rho}=\frac{0.9115}{37\%\times1.19}\ \text{mL}=2.1\ \text{mL}$$

(四) 体积分数

体积分数是指溶质的体积占全部溶液体积的百分比,以符号 φ 表示,即

$$\varphi=\frac{V}{V_{样}}\times100\%$$

式中:V——溶质的体积,mL、L;

$V_{样}$——样品的总体积,mL、L。

【例 7-4】 用无水乙醇配制 70% 的乙醇溶液 500 mL,应如何配制?

【解】 (1) 需量取无水乙醇的体积:

$$V=V_{样}\varphi=500\times70\%\ \text{mL}=350\ \text{mL}$$

(2) 量取 350 mL 无水乙醇于 500 mL 烧杯中,加水稀释至 500 mL,摇匀。

(五) 体积比浓度

体积比浓度是液体试剂相互混合或用溶剂稀释时的表示方法。即

$$V_A=\frac{A}{A+B}\times V$$

式中:V——欲配制溶液的总体积,mL、L;

V_A——液体试剂 A 的体积，mL、L；

A——浓溶液的体积，mL、L；

B——溶剂的体积，mL、L。

如(1+4)的 H_2SO_4，是指 1 单位体积的浓 H_2SO_4 与 4 单位体积的水相混合。

【例 7-5】 欲配制(1＋3)HCl 溶液 200 mL，问应取浓 HCl 和水各多少毫升？如何配制？

【解】 (1) 需量取浓盐酸的体积：

$$V_{HCl}=\frac{1}{1+3}\times 200\ mL=50\ mL$$

(2) 需量取水的体积：

$$V_{水}=(200-50)\ mL=150\ mL$$

用量筒量取 150 mL 水及 50 mL 浓 HCl 于烧杯中混合均匀即可。

(六) 滴定度

滴定度是指每毫升标准滴定溶液相当于待测组分的质量(g 或 mg)，用 $T_{B/A}$ 表示，A 是标准滴定溶液，B 是待测组分。例如，$T_{Na_2CO_3/HCl}=0.005300$ g/mL，表示 1 mL HCl 标准滴定溶液相当于 0.005300 g Na_2CO_3。

滴定度广泛应用于生产单位尤其是中间控制分析中，使用较为方便，可直接通过滴定消耗的体积及标准滴定溶液的滴定度快速计算出待测组分的质量，并及时向有关生产部门汇报分析结果，以便及时调整生产参数。

【例 7-6】 取 1 mL 盐水溶于 50 mL 蒸馏水中，用滴定度 $T_{NaCl/AgNO_3}=0.005844$ g/mL 的硝酸银溶液测定盐水中氯化钠的含量，消耗 25.16 mL，求盐水的浓度(g/mL)。

【解】 (1) 稀释盐水中氯化钠的质量：

$$m=V\times T_{NaCl/AgNO_3}=25.16\times 0.005844\ g=0.1470\ g$$

(2) 盐水浓度：

$$\rho=\frac{m\times 50}{V}=\frac{0.1470\times 50}{1}\ g/mL=7.35\ g/mL$$

二、一般溶液的配制

一般溶液也称为辅助试剂溶液，它在分析工作中常用来溶解样品、调节 pH 、分离或掩蔽离子、显色等。配制一般溶液精度要求不高，溶液浓度只需保留 1～2 位有效数字，试剂的质量由电子台秤称量，体积用量筒量取即可。配制这类溶液的关键是正确计算应称取固体溶质的质量或应量取液体溶质的体积。

1. 固体试剂配制溶液

例如，配制 500 mL 浓度为 0.05 mol/L 的 NaOH 溶液，已知 NaOH 的摩尔质量为 40.00 g/mol，具体配制过程如表 7-2 所示。

表 7-2 固体试剂配制溶液操作步骤及注意事项

序号	操作流程	操作图示	操作步骤及注意事项
1	计算	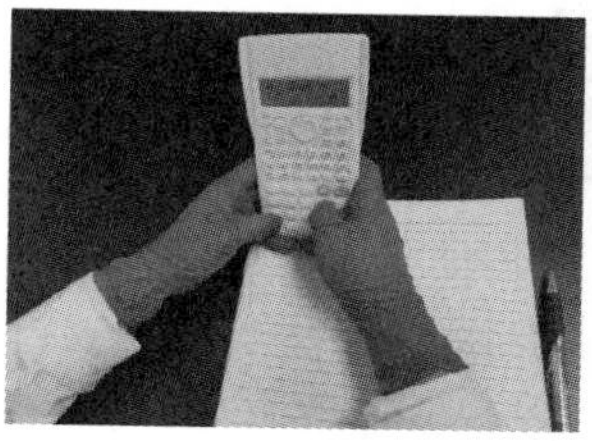	根据所配溶液的浓度及体积计算所需固体试剂的质量。 $m=n_A \times M=c \times V \times M=0.05 \times 500 \times 10^{-3} \times 40.00\ g=1\ g$
2	称量		利用电子台秤称 1 g NaOH。 注意：NaOH 应放在小烧杯或表面皿上称量
3	溶解	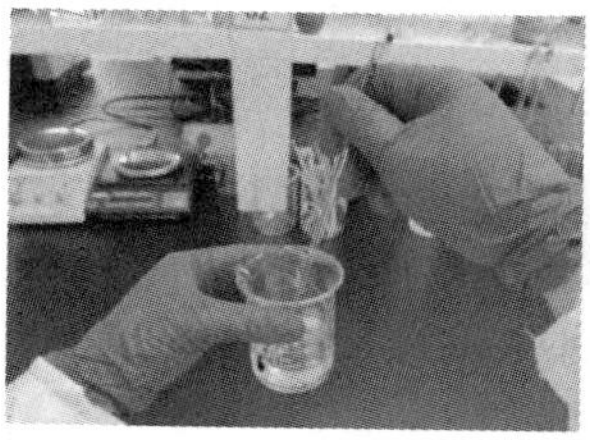	在烧杯中先加适量水溶解，再稀释到所需体积 500 mL。 注意：搅拌时玻璃棒不要碰烧杯底和烧杯壁，不要把玻璃棒放在实验台上，以免引入其他杂质
4	装瓶 贴标签		将配制好的溶液转移到试剂瓶中，贴上标签。 注意：若溶液温度较高，应冷却至室温后再转移

2. 液体试剂（或浓溶液）配制溶液

例如，配制 1 L 浓度为 0.1 mol/L 的 HCl 溶液，已知浓盐酸的物质的量浓度为 12 mol/L，具体配制过程如表 7-3 所示。

表 7-3　液体试剂配制溶液操作步骤及注意事项

序号	操作流程	操作图示	操作步骤及注意事项
1	计算		根据所配溶液的浓度 c_2、体积 V_2 及液体试剂(或浓溶液)的浓度 c_1,计算所需液体的体积 V_1。由 $c_1 \times V_1 = c_2 \times V_2$ 可得: $V_1 = \frac{c_2 \times V_2}{c_1} = 0.1 \times 1 \div 12\ L = 0.0083\ L = 8.3\ mL$
2	量取		利用量筒或吸量管量取 9 mL 的浓盐酸。 注意:量取浓盐酸时应做好个人防护,挥发性液体的操作应在通风橱中进行
3	稀释		将浓盐酸加到预先装有适量水的烧杯中,搅匀,再稀释到 1 L。 注意:搅拌时玻璃棒不要碰烧杯底和烧杯壁,不要把玻璃棒放在实验台上,以免引入其他杂质
4	装瓶 贴标签		将配制好的溶液转移到试剂瓶中,贴上标签。 注意:若溶液温度较高,应冷至室温后再转移

3. 注意事项

(1) 有一些易水解的盐,在配制溶液时需加入适量的酸,再用水或稀酸稀释;易被氧化或易被还原的试剂,应在使用前临时配制,或采取措施,防止其被氧化或还原。

(2) 易腐蚀玻璃的溶液不能盛放在玻璃瓶内。强碱溶液最好保存在聚乙烯瓶中(如保存在玻璃瓶中,瓶塞应换成橡胶塞)。

(3) 配制溶液时,应选择合适的试剂等级。

(4) 大量使用的溶液,可先配制成浓度为使用浓度 10 倍的贮备液,需要时取贮备液稀释 10 倍即可。

三、标准溶液的配制

标准溶液是已确定其主体物质准确浓度或其他特性量值的溶液。分析化学实验中常用的标准溶液主要有三类：滴定分析用的标准滴定溶液、杂质测定用的标准溶液和 pH 测量用的标准缓冲溶液。以下主要介绍标准滴定溶液、杂质测定用标准溶液的配制。

（一）标准滴定溶液的配制

标准滴定溶液用于滴定测定试样中的常量组分，其浓度值保留四位有效数字，常用的配制方法有直接法和标定法。

1. 直接法

用分析天平准确称取一定质量的基准物质，溶于适量水中，再定量转移到容量瓶中，用水稀释至刻度。根据试剂的质量和容量瓶的体积计算其准确浓度。该方法比较简单，但因基准物质较贵，成本很高，且每次所配制的量较少，不宜大量使用，具体配制过程如图 7-2所示。

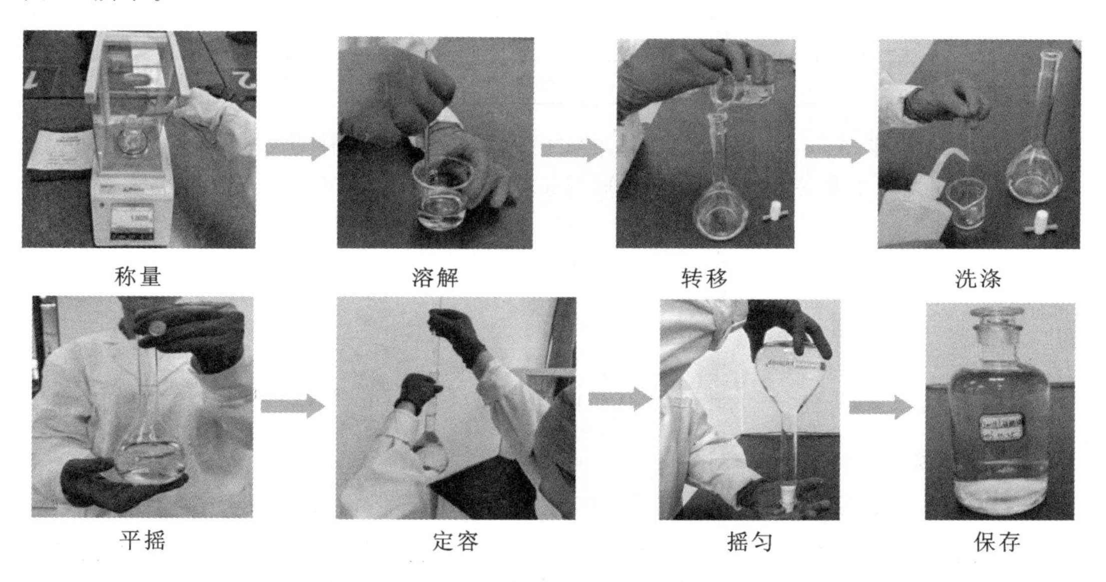

图 7-2 标准滴定溶液配制过程

计算如下：

$$c=\frac{m_{基}\times 1000}{V_{配}\times M_{基}}$$

式中：c——溶液物质的量浓度，mol/L；

$m_{基}$——基准物质的质量，g；

$M_{基}$——基准物质的摩尔质量，g/mol；

$V_{配}$——配制溶液的体积，mL。

基准物质是用于直接配制或标定标准滴定溶液的物质。基准物质是纯度很高、组成一定、性质稳定的试剂，它相当于或高于优级纯试剂的纯度。基准物质应符合下列条件：

(1) 组成与其化学式完全相符；

(2) 纯度足够高(一般要求99.99%以上),杂质的含量应低至不足以影响分析结果的准确度；

(3) 性质稳定、易溶解；

(4) 参加反应时,应按反应式定量进行,没有副反应。

在生产、贮运过程中,基准物质可能会进入少量水分和杂质,在使用前必须经过一定的处理方可使用。常见基准物质的干燥条件和应用见表7-4。

表7-4 常见基准物质的干燥条件和应用

物质名称	干燥后组成	干燥条件/℃	标定对象
碳酸钠	Na_2CO_3	270～300	酸
邻苯二甲酸氢钾	$KHC_8H_4O_4$	105～110	碱
草酸钠	$Na_2C_2O_4$	105～110	氧化剂
氧化锌	ZnO	800	EDTA
重铬酸钾	$K_2Cr_2O_7$	120	还原剂
氯化钠	NaCl	500～600	硝酸银

【例7-7】 称取0.7312 g的NaCl基准物质,溶解后定量转移至250 mL容量瓶中,摇匀,该溶液的物质的量浓度为多少？已知NaCl的摩尔质量为58.44 g/mol。

【解】 由

$$c=\frac{m_{基}\times 1000}{V_{配}\times M_{基}}$$

得

$$c=\frac{0.7312\times 1000}{250\times 58.44}\ \text{mol/L}=0.05005\ \text{mol/L}$$

2. 标定法

由于只有少量试剂符合基准物质的要求,试剂较贵,成本很高,且每次配制的量较少,很多标准滴定溶液采用间接法配制,即标定法。配制时,首先用分析纯试剂配成接近所需浓度的溶液,然后用基准试剂或另一种已知准确浓度的标准溶液来标定它的准确浓度。

(1) 用基准物质标定的流程如图7-3所示。

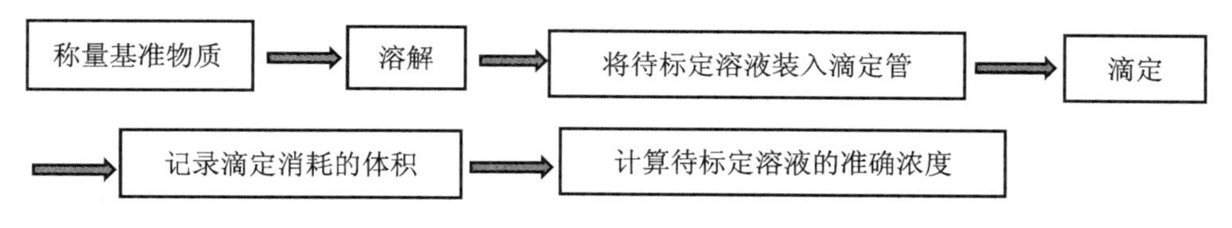

图7-3 用基准物质标定的流程

计算如下：

$$c=\frac{m_{基}\times 1000}{M_{基}\times V_{滴}}$$

式中：$m_{基}$——基准物质的质量，g；

$M_{基}$——基准物质的摩尔质量，g/mol；

$V_{滴}$——滴定消耗的体积，mL。

【例 7-8】称取 0.2005 g Na_2CO_3 基准物质用于标定 HCl 溶液的浓度，已知消耗 HCl 溶液的体积为 37.79 mL，求此 HCl 溶液的浓度。已知 Na_2CO_3 的摩尔质量为 106.00 g/mol。

【解】

$$c=\frac{m\times1000}{M\times V_{滴}}=\frac{0.2005\times1000}{106.00\times37.79}\ \text{mol/L}=0.05005\ \text{mol/L}$$

（2）用标准滴定溶液标定。用已知浓度的标准滴定溶液与待标定溶液相互滴定，根据两种溶液所消耗的体积及标准滴定溶液的浓度计算待标定溶液的浓度。用标准滴定溶液标定的流程见图 7-4。

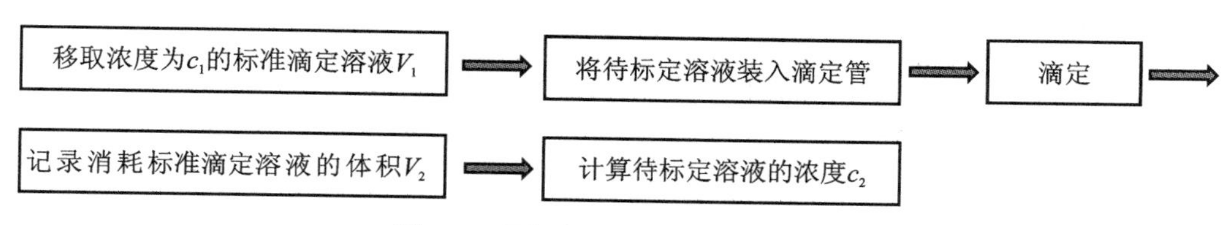

图 7-4　用标准滴定溶液标定的流程

计算如下：

$$c_1V_1=c_2V_2$$

$$c_2=\frac{c_1\times V_1}{V_2}$$

式中：c_1——已知浓度的标准滴定溶液的物质的量浓度，mol/L；

V_1——已知浓度的标准滴定溶液的体积，mL；

c_2——待标定溶液的物质的量浓度，mol/L；

V_2——待标定溶液的体积，mL。

【例 7-9】移取 25.00 mL 浓度为 0.1002 mol/L 的 NaOH 溶液，用于标定 HCl 溶液的浓度，已知消耗 HCl 溶液的体积为 24.87 mL，求此 HCl 溶液的浓度。

【解】

$$c_1V_1=c_2V_2$$

$$c_2=\frac{c_1\times V_1}{V_2}=\frac{0.1002\times25.00}{24.87}\ \text{mol/L}=0.1007\ \text{mol/L}$$

常用的标准滴定溶液的配制和标定应按国家标准进行。为减小误差，要求标定过程中的反应条件和测定样品时的条件应尽量一致。为方便调整溶液浓度，配制时，溶液的浓度宁高勿低。如溶液浓度略高或略低于指定浓度，可加水稀释或加浓溶液来进行调整。

3. 注意问题

标准滴定溶液的贮存应注意以下问题：

（1）标准滴定溶液应密封保存，防止水分蒸发，器壁上如有水珠，应在使用前摇匀。

（2）见光易分解、易挥发的溶液应贮存于棕色瓶中，如 $KMnO_4$、$Na_2S_2O_3$、$AgNO_3$、I_2 等。

（3）对玻璃有腐蚀的溶液，一般应贮存于聚乙烯塑料瓶中。对易吸收 CO_2 的溶液，可采用装有碱石灰干燥管的容器，以防止 CO_2 进入。

(4) 保存时间一般不得超过2个月。

(二) 杂质测定用标准溶液的配制

当试样中杂质含量较低时,滴定分析法难以准确测定,所以,微量杂质的测定一般采用仪器分析法,需配制相应被测组分的标准溶液作为对照溶液。例如,欲用硫酸铁铵[$FeNH_4(SO_4)_2 \cdot 12H_2O$]配制浓度为0.5000 mg/mL的铁标准溶液500 mL,已知$FeNH_4(SO_4)_2 \cdot 12H_2O$的摩尔质量为482.02 g/mol,$M_{标}$为55.85 g/mol。其具体配制过程如下:

1. 计算

(1) 标样的质量:

$$m_{标}=\rho\times V$$

$$m_{标}=\rho\times V=0.5000\times 500\ \mathrm{mg}=250\ \mathrm{mg}=0.250\ \mathrm{g}$$

(2) 应称试剂的质量:

$$m_{试剂}=m_{标}\times\frac{M_{试剂}}{M_{标}}$$

$$m_{试}=m_{标}\times\frac{M_{试剂}}{M_{标}}=0.250\times\frac{482.02}{55.85}\ \mathrm{g}=2.158\ \mathrm{g}$$

2. 配制过程

具体配制过程同标准滴定溶液的配制过程,如图7-2所示。

四、常用指示剂溶液的配制

指示剂是一类颜色会发生变化的物质,其作用是指示滴定终点。指示剂根据颜色变化的原因及用途,一般分为如下几类。

酸碱指示剂:甲基红、甲基橙、酚酞、溴甲酚绿等。

氧化还原指示剂:二苯胺、二苯胺磺酸钠、高锰酸钾、邻二氮菲-亚铁等。

配位滴定指示剂:铬黑T、钙指示剂、二甲酚橙、PAN等。

沉淀滴定指示剂:铬酸钾、铁铵矾等。

配制指示剂溶液时,需称取的指示剂量往往比较少,可用分析天平称量,但只要读取两位有效数字即可;要根据指示剂的性质,采用合适的溶剂(优先用水),必要时还要加入适当的稳定剂,并注意其保存期;配好的指示剂一般贮存于棕色瓶中。

指示剂的配制应按国家标准进行。常用指示剂的配制如下:

(1) 甲基红指示液(1 g/L)。

称取0.1 g甲基红,溶于乙醇(95%),用乙醇(95%)稀释至100 mL。

(2) 甲基红-亚甲基蓝混合指示液。

溶液Ⅰ:称取0.1 g亚甲基蓝,溶于乙醇(95%),用乙醇(95%)稀释至100 mL;

溶液Ⅱ:称取0.1 g甲基红,溶于乙醇(95%),用乙醇(95%)稀释至100 mL;

取50 mL溶液Ⅰ和100 mL溶液Ⅱ,混匀。

(3) 甲基橙指示液(1 g/L)。

称取0.1 g甲基橙,溶于70 ℃的水中,冷却,稀释至100 mL。

(4) 酚酞指示液(10 g/L)。

称取 1 g 酚酞,溶于乙醇(95%),用乙醇(95%)稀释至 100 mL。

(5) 铬黑 T 指示剂。

1 g 铬黑 T 和 100 g 氯化钠,混合,研细。

(6) 铬黑 T 指示液(5 g/L)。

称取 0.5 g 铬黑 T 和 2 g 盐酸羟胺,溶于乙醇(95%),用乙醇(95%) 稀释至 100 mL。

(7)淀粉指示液(10 g/L)。

称取 1 g 淀粉,加 5 mL 水使其呈糊状,在搅拌下将糊状物加到 90 mL 沸腾的水中,煮沸 1～2 min,冷却,稀释至 100 mL。使用期为两周。

五、常用缓冲溶液的配制

缓冲溶液是具有调节和控制溶液酸度作用的溶液。缓冲溶液一般由浓度较大的弱酸及其盐或弱碱及其盐组成,如 HAc-NaAc、NH_3-NH_4Cl 等。

缓冲溶液可分为一般缓冲溶液和标准缓冲溶液。一般缓冲溶液主要用于控制溶液的酸度,这种缓冲溶液主要由浓度较大的弱酸及其盐或弱碱及其盐组成。标准缓冲溶液主要是指用来测量 pH 的参比标准缓冲溶液,这种缓冲溶液主要由一些逐级离解常数相差较小的两性化合物组成,如邻苯二甲酸氢钾、硼砂等。

1. 缓冲溶液的选择原则

(1) 缓冲溶液对分析过程没有干扰;

(2) 缓冲溶液的 pH 应在所要求控制的酸度范围内;

(3) 缓冲溶液应有足够的缓冲容量。

2. 缓冲溶液的配制

一般缓冲溶液的配制可按《化学试剂　试验方法中所用制剂及制品的制备》(GB/T 603—2023)中规定的方法进行配制。

(1) 乙酸-乙酸钠缓冲溶液。

pH≈3,称取 0.8 g 乙酸钠($CH_3COONa \cdot 3H_2O$)溶于水,加 5.4 mL 乙酸(冰醋酸),稀释至 1000 mL;

pH≈4,称取 54.4 g 乙酸钠($CH_3COONa \cdot 3H_2O$)溶于水,加 92 mL 乙酸(冰醋酸),稀释至 1000 mL;

pH≈4.5,称取 164 g 乙酸钠($CH_3COONa \cdot 3H_2O$)溶于水,加 84 mL 乙酸(冰醋酸),稀释至 1000 mL;

pH≈4～5,称取 68 g 乙酸钠($CH_3COONa \cdot 3H_2O$)溶于水,加 28.6 mL 乙酸(冰醋酸),稀释至 1000 mL;

pH≈6,称取 100 g 乙酸钠($CH_3COONa \cdot 3H_2O$)溶于水,加 5.7 mL 乙酸(冰醋酸),稀释至 1000 mL。

(2) 氨-氯化铵缓冲溶液。

甲(pH≈10),称取 54 g 氯化铵,溶于水,加 350 mL 氨水,稀释至 1000 mL;

乙(pH≈10),称取 26.7 g 氯化铵,溶于水,加 36 mL 氨水,稀释至 1000 mL。

六、常用洗涤液的配制及选用

化学分析试验要求所用的玻璃器皿应洁净透明,其内外壁能被水均匀地润湿而不挂水珠,可根据污垢的性质选用洗涤液进行洗涤。常见的几种洗涤液如下。

1. 合成洗涤剂

合成洗涤剂是指用洗衣粉或洗洁精配制成一定浓度的溶液。一般的器皿都可以用它们洗涤,洗涤油脂类污垢效果良好。

2. 铬酸洗液

铬酸洗液具有强酸性和强氧化性,适用于洗涤无机物和一般油污。用铬酸洗液浸泡一段时间,效果更好。

配制:在电子天平上称取 10 g 重铬酸钾,置于 500 mL 烧杯中,加少许水溶解,在不断搅拌下,慢慢注入 180 mL 浓硫酸,待冷却后,将其保存于带磨口的试剂瓶中。

使用铬酸洗液应注意以下几点:

(1) 由于六价铬和三价铬有毒,大量使用会污染环境,非必要情况下,尽量不使用。

(2) 用铬酸洗液洗涤前应倾尽水,以免洗涤液被稀释,使洗涤效果变差。

(3) 洗涤液可重复使用,直至洗液由暗红色变为绿色。

(4) 铬酸洗液具有强腐蚀性,使用时应避免溅到皮肤和衣服上。

3. 盐酸-乙醇溶液

盐酸-乙醇溶液适用于洗涤被染色的吸收池、比色管、吸量管、比色皿等,使用时最好将器皿在洗液中浸泡一定时间后再用水洗净。

配制:将盐酸和乙醇按 1∶2 的体积比进行混合而成。

4. 碱-乙醇洗液

碱-乙醇洗液适用于洗涤铬酸洗液洗涤无效的各种油污及某些有机物。

配制:在 120 mL 水中溶解 120 g 氢氧化钠,用 95%的乙醇稀释至 1 L。

说一说

☆ 按计算值量取浓盐酸配制稀溶液,其浓度为什么小于理论值?

☆ 标准滴定溶液的贮存有哪些要求?

☆ 基准试剂使用前为什么要进行预处理?

活动 1 盐酸(HCl)和氢氧化钠(NaOH)溶液的配制

实验原理

根据所配溶液的浓度和体积确定需要称量的溶质质量(或需移取的浓溶液体积)。

主要任务

◇ 配制 1 mol/L 盐酸(HCl)溶液 250 mL。

◇ 配制 10%氢氧化钠(NaOH)溶液 250 mL。

实验操作指导书

1. 配制 1 mol/L 盐酸(HCl)溶液 250 mL

(1) 计算:浓盐酸的体积________________(计算过程)。

(2) 量取:用________准确量取浓盐酸________ mL。

(3) 稀释:将量好的浓盐酸放入预先装有适量蒸馏水的________中,初步摇匀后继续加蒸馏水至________,借助玻璃棒将烧杯中的溶液搅拌均匀。

(4) 装瓶:将摇匀的溶液转移到________ mL 的________试剂瓶中,贴上标有名称________、浓度________和配制时间的标签。

2. 配制 10%氢氧化钠(NaOH)溶液 250 mL

(1) 计算:NaOH 固体的质量________________(计算过程)。

(2) 称量:用________准确称取 NaOH 固体________g。

(3) 溶解:将称好的 NaOH 固体放入________中,用适量蒸馏水溶解,冷却到________。再向烧杯中加入蒸馏水至________,借助玻璃棒将烧杯中的溶液搅拌均匀。

(4) 装瓶:将烧杯中的溶液转移到________ mL 的________试剂瓶中,贴上标有名称________、浓度________和配制时间的标签。

活动 2 酚酞和甲基橙指示剂的配制

实验原理

根据指示剂溶液的浓度和体积计算出所需指示剂的质量,选择合适溶剂进行配制。

主要任务

◇ 配制 1 g/L 的甲基橙指示剂 50 mL。

◇ 配制 10 g/L 的酚酞指示剂 50 mL。

实验操作指导书

1. 配制 1 g/L 的甲基橙指示剂 50 mL

(1) 计算:甲基橙固体质量________________(计算过程)。

(2) 称量:用________准确称取甲基橙固体________g 于________中。

(3) 溶解:用适量________℃蒸馏水溶解,冷却,加水至________,借助玻璃棒将烧杯中的溶液搅拌均匀。

(4) 装瓶:将烧杯中的溶液转移到________ mL 的________中,贴上标有名称________、浓度________和配制时间的标签。

2. 配制 10 g/L 的酚酞指示剂 50 mL

(1) 计算:酚酞固体的质量________________(计算过程)。

(2) 称量:用________准确称取酚酞固体________g 于________中。

(3) 溶解:用适量________溶解,再向烧杯中加________至________,借助玻璃棒将烧杯中的溶液搅拌均匀。

(4) 装瓶:将烧杯中的溶液转移到________mL 的______________中,贴上标有名称____________、浓度________和配制时间的标签。

活动 3 氨-氯化铵缓冲溶液的配制

实验原理

根据《化学试剂 试验方法中所用制剂及制品的制备》(GB/T 603—2023)中给定的配制方法和所配缓冲溶液的体积确定需称量的氯化铵的质量和氨水的体积。

主要任务

◇ 配制 pH=10 的氨-氯化铵缓冲溶液 250 mL。

实验操作指导书

(1) 计算:氯化铵固体的质量________________________(计算过程)。

氨水的体积:____________________________(计算过程)。

(2) 称量:用__________准确称取氯化铵固体__________g 于__________中。

(3) 溶解:用适量蒸馏水溶解,再用__________移取________mL 浓氨水,加到烧杯中,加水稀释至__________。用玻璃棒搅拌均匀。

(4) 装瓶:将烧杯中的溶液转移到________mL 的________瓶中,摇匀,贴上标有名称______________、pH=________和配制时间的标签。

活动 4 铬酸洗液的配制

实验原理

重铬酸钾为氧化剂,它与硫酸组成的铬酸洗液氧化能力强。新配制的铬酸洗液应为深橙红色,洗液呈绿色时,表示失效。

主要任务

◇ 配制铬酸洗液 350 mL

实验操作指导书

(1) 计算:$K_2Cr_2O_7$ 固体的质量__________________________(计算过程)。

(2) 称量:用__________称取________g $K_2Cr_2O_7$ 于____________mL 烧杯中。

(3) 溶解:用少许水溶解。在不断搅拌下,________注入________mL 浓硫酸。

(4) 装瓶:待________后,转移至________中摇匀,贴上标有名称__________、浓度________和配制时间的标签。

说一说

☆ 配制铬酸洗液时,应如何加入浓硫酸?

☆ 使用铬酸洗液时,有哪些注意事项?

活动5 重铬酸钾标准溶液的配制

实验原理

重铬酸钾为基准试剂，其标准溶液可采用直接法配制。

主要任务

◇ 配制 250 mL 0.1 mol/L(1/6 $K_2Cr_2O_7$)重铬酸钾标准溶液。

实验操作指导书

(1) 计算：重铬酸钾试剂的质量________________(计算过程)。

(2) 称量：用________准确称取重铬酸钾试剂________ g。

(3) 溶解：将称量好的固体试剂放入________中，用蒸馏水溶解，冷却到________。

(4) 转移：将烧杯中的溶液用________小心引流到________ mL 的容量瓶中。

(5) 洗涤：用蒸馏水洗涤烧杯________次，并将每次的洗涤液都转移到________。轻轻晃动容量瓶，使溶液混合均匀。

(6) 定容：调节弯月面最低点和标线上缘相切。

(7) 摇匀：将容量瓶瓶塞盖好，反复上下颠倒，摇匀。

(8) 装瓶：将容量瓶内液体转移到试剂瓶，贴上标有名称和浓度的标签。

目标检测

一、单项选择题

1. 直接法配制标准溶液必须使用(　　)。

A. 基准试剂　　B. 化学纯试剂

C. 分析纯试剂　　D. 优级纯试剂

2. 基准物质具备的条件不应是(　　)。

A. 化学性质稳定　　B. 必须有足够的纯度

C. 最好具有较小的摩尔质量　　D. 物质的组成与化学式相符合

3. (　　)时，溶液的定量转移所用到的烧杯、玻璃棒需以少量蒸馏水冲洗 3～4 次。

A. 直接配制标准溶液　　B. 配制缓冲溶液

C. 配制指示剂　　D. 配制化学试剂

4. 标定盐酸标准溶液常用的基准物质有(　　)。

A. 无水碳酸钠　　B. 重铬酸钾

C. 草酸钠　　D. 碳酸钙

5. 配制好的氢氧化钠溶液应贮存于(　　)中。

A. 棕色磨口试剂瓶　　B. 白色磨口试剂瓶

C. 塑料瓶　　D. 以上都可

6. 下列符号属于物质的量浓度的是(　　)。

A. ρ　　B. ω　　C. c　　D. φ

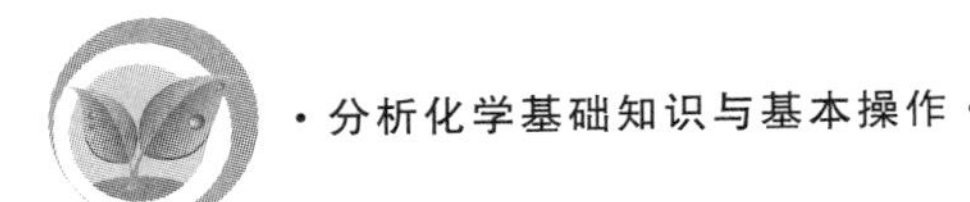

7. 下列符号属于质量浓度的是(　　)。

A. ρ　　B. ω　　C. c　　D. φ

8. 下列指示剂不属于酸碱指示剂的是(　　)。

A. 酚酞　　B. 甲基橙　　C. 甲基红　　D. 铬黑 T

9. 摩尔质量的单位是(　　)。

A. mol　　B. m　　C. mol/L　　D. g/mol

10. 下列有关铬酸洗液叙述不正确的是(　　)。

A. 六价铬和三价铬有毒,大量使用会污染环境

B. 用铬酸洗液洗涤前应倾尽水

C. 铬酸洗液具有强腐蚀性,使用时应避免溅到皮肤和衣服上

D. 洗涤液可重复使用,直至洗液由绿色变为暗红色

二、判断题

1. 配制硫酸、盐酸溶液时都应将酸注入水中。(　　)

2. 在实验室中,浓碱溶液应贮存在聚乙烯塑料瓶中。(　　)

3. 高锰酸钾溶液应存放在棕色试剂瓶中。(　　)

4. 标准滴定溶液的有效期为 1 个月。(　　)

5. 用过的铬酸洗液应倒入废液缸中,不得再次使用。(　　)

6. 直接法配制标准滴定溶液必须使用基准试剂。(　　)

7. 标定 EDTA 的基准试剂是 Na_2CO_3。(　　)

8. 配制溶液所用的试剂纯度越高越好。(　　)

9. 缓冲溶液一般由浓度较大的弱酸及其盐或弱碱及其盐组成。(　　)

10. 基准物质可用于直接配制标准溶液,也可用于标定溶液的浓度。(　　)

三、简答题

1. 制备标准滴定溶液有几种方法?各适用于什么情况?

2. 为什么选择基准物质的时候,要尽可能选择摩尔质量大的?

四、计算题

1. 将 1.4610 g 氯化钠溶解后定容到 250 mL 的容量瓶,求该溶液氯化钠的物质的量浓度。已知氯化钠的摩尔质量为 58.44 g/mol。

2. 欲配制 8 L 浓度为 0.025 mol/L 的 EDTA 溶液,应称多少克 EDTA?已知 EDTA 的摩尔质量为 372.24 g/mol。

3. 欲配制 5 L 浓度为 $c\left(\frac{1}{2}H_2SO_4\right)=0.5$ mol/L 的 H_2SO_4 溶液,需移取多少毫升的浓硫酸?已知浓硫酸的物质的量浓度为 $c\left(\frac{1}{2}H_2SO_4\right)=36$ mol/L。

4. 欲配制 1000 mL Cu 浓度为 0.1 mg/mL 的标准溶液,需称多少克的 $CuSO_4 \cdot 5H_2O$?已知 Cu 和 $CuSO_4 \cdot 5H_2O$ 的摩尔质量分别为 63.55 g/mol 和 249.68 g/mol。

阅读材料

“雕虫小技”汇成鸿篇巨制

宋应星是明代著名的思想家和科学家，被誉为“中国的狄德罗”。宋应星年少时便掌握了经史子集的内涵要旨，还对天文、地理、农业等自然科学表现出了浓厚的兴趣，求知若渴。

然而连续五次会试都名落孙山后，宋应星决心研究实学。他将书斋命名为“家食之问堂”，希望能在家研究实实在在的学问。他走遍了当时中国技术最先进的省份，利用白描插图详细记录了农民和工匠的实际生产情况，既生动又不失准确。辛苦的汗水浇灌出了丰硕之果，“雕虫小技”汇集成了鸿篇巨制，一部全面记述中国古代工农业生产技术的科技巨著《天工开物》问世。《天工开物》记载了砖瓦、陶瓷、硫黄、烛、纸、火药、纺织、盐、煤等知识信息与生产技术，是世界上第一部关于农业和手工业生产的综合性科技著作，被译成多国文字传遍了全世界，被西方人称为“中国17世纪的工艺百科全书”。

宋应星毅然放弃科考，树立起更高远的志向，他的精神境界也得到了升华，与功名进取无关，但对历史进步和人们福祉来说大有益处。我们应该学习宋应星志存高远的奋斗精神。一个人的成绩是靠奋斗出来的，但为何奋斗、心存何志，至关重要。

任务8　滴定管的使用

任务目标

◆ **知识目标**

1. 了解滴定管的规格与用途；
2. 认识滴定管的洗涤方法及要求；
3. 熟知滴定管的使用方法及注意事项；
4. 熟知实验原始数据记录的要求及注意事项。

◆ **能力目标**

1. 能根据任务要求选择合适的滴定管；
2. 能正确洗涤并规范使用滴定管；
3. 能规范填写实验原始记录。

◆ **素养目标**

1. 培养学生实事求是、严谨认真的科学态度；
2. 养成良好的实验台整理习惯，树立安全作业意识。

情景导入

认识滴定管

滴定管是用于准确测量放出溶液体积的量出式计量玻璃仪器，如图 8-1 所示。

滴定管的管身是用细长且内径均匀的玻璃管制成，上面刻有均匀的分度线，线宽不超过 0.3 mm；下端的流液口为一尖嘴；中间通过玻璃活塞、聚四氟乙烯活塞或乳胶管(配以玻璃珠)连接以控制滴定速度。

(1) 滴定管按用途不同分为酸式滴定管、碱式滴定管和聚四氟乙烯塞滴定管。

在滴定管的下端有一玻璃活塞的称为酸式滴定管。

通过乳胶管与尖嘴玻璃管连接的称为碱式滴定管。

在滴定管的下端有一聚四氟乙烯活塞的称为聚四氟乙烯塞滴定管。

(2) 滴定管按容积不同分为常量滴定管、半微量滴定管及微量滴定管。

常量滴定管的规格有 25 mL、50 mL、100 mL，分刻度值为 0.1 mL，读数可估读到 0.01 mL，一般有±0.02 mL 的读数误差，所以每次滴定所用溶液体积最好在 20 mL 以上，若滴定所用体积过小，则滴定管刻度读数误差影响增大。最常用的是 50 mL 滴定管。

半微量滴定管是容积为 10 mL、分刻度值为 0.05 mL 的滴定管。

微量滴定管的规格有 1 mL、2 mL、5 mL，分刻度值为 0.005 mL 或 0.01 mL。

(3) 滴定管按构造不同，分为普通滴定管和自动滴定管。

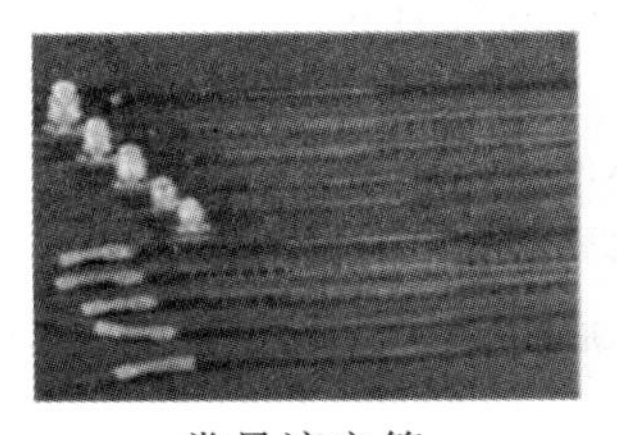
常量滴定管

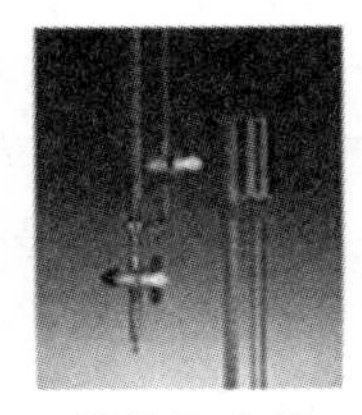
微量滴定管

自动滴定管

图 8-1 滴定管

说一说

☆ 兄妹有水在腹中，蝴蝶夹上任意移，皆为异性滴眼泪，不变颜色泪不终。猜一猜，这是哪种玻璃仪器？

☆ 滴定管活塞和滴定管是否要配套使用？滴定管活塞漏液对实验有影响吗？为什么？

☆ 为什么常量滴定管每次滴定所用溶液体积最好在 20 mL 以上？

☆ 滴定管使用时是否要用待装溶液润洗？为什么？

学习资料

一、滴定管的选择、检查及洗涤

1. 滴定管的选择

应根据滴定中消耗标准滴定溶液的体积和性质选择相应规格的滴定管。

(1) 酸性溶液、氧化性溶液和盐类稀溶液，应选择酸式滴定管；酸式滴定管不能装碱性溶液，因为玻璃活塞易被碱腐蚀，粘住无法打开。

(2) 碱性溶液应选择碱式滴定管。高锰酸钾、碘和硝酸银等溶液因能和橡皮管起反应而不能装入碱式滴定管。

(3) 滴定溶液消耗较少时，应选用微量滴定管。

(4) 见光易分解的滴定溶液应选择棕色滴定管。

(5) 酸性、碱性及氧化性溶液均可选用聚四氟乙烯塞滴定管。

说一说

☆ 氢氧化钠溶液可以装在酸式滴定管中吗？为什么？

☆ 硝酸银溶液需要装在什么颜色的滴定管中?

☆ 滴定消耗标准溶液的体积是 9.23 mL,应选择 25 mL 的滴定管还是 50 mL 的滴定管?

2. 滴定管的检查

(1) 检查滴定管是否有破损,特别是管尖和管口,若有破损则不能使用。

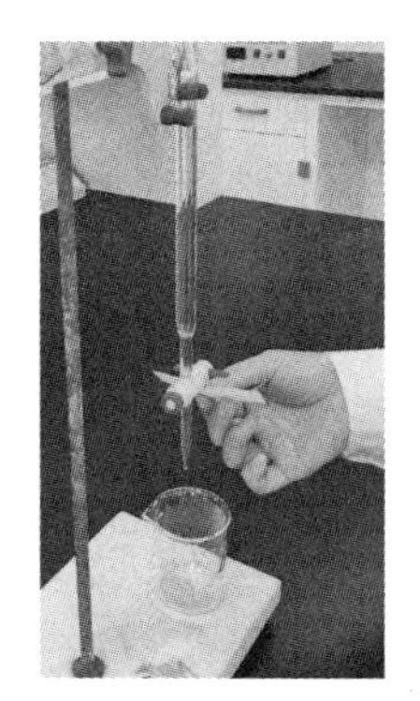

图 8-2 滴定管试漏

(2) 检查滴定管的准确度等级、标称容量。

(3) 检查滴定管是否漏液。

关闭滴定管活塞,装入蒸馏水至一定刻度线处,直立滴定 2 min。仔细观察刻度线上的液面是否下降,滴定管下端有无水滴漏下,活塞缝隙中有无水渗出。然后将活塞旋转 180°后等待 2 min 再观察,具体操作如图 8-2 所示。

如漏水应擦干重新涂油,具体操作如图 8-3 所示。控干滴定管,平放,取出旋塞,用滤纸将旋塞和活塞槽内的液体吸干。用棉签蘸少许凡士林,在旋塞芯两头轻轻涂抹(避开导管处),然后把旋塞插入塞槽内,旋转几次,使油膜在旋塞内均匀透明,旋塞转动灵活。

图 8-3 滴定管活塞涂油

3. 滴定管的洗涤(以聚四氟乙烯塞滴定管为例)

无明显油污的滴定管直接用自来水冲洗,或用肥皂水、洗衣粉水泡洗,但不能用去污粉洗,以免划伤内壁,影响体积的准确测量。

有油污不易洗净时,用铬酸洗液洗涤。洗涤时应将管内的水尽量除去,关闭活塞,倒入 10~15 mL 洗液于滴定管中,两手端住滴定管,边转动边向管口倾斜,直至洗液布满全部管壁为止。立起后打开活塞,将洗液放回原瓶。

油污严重时,需用较多洗液充满滴定管,浸泡十几分钟或更长时间,甚至用温热洗液浸泡一段时间。洗液放出后,先用自来水冲洗,再用蒸馏水淋洗 3~4 次,洗净的滴定管的内壁应完全被水均匀地润湿而不挂水珠。

二、滴定管的使用

滴定管的使用方法如表 8-1 所示(以聚四氟乙烯塞滴定管为例)。

表 8-1 滴定管的使用方法

序号	操作流程	操作图示	操作步骤及注意事项
1	润洗 及排气泡	 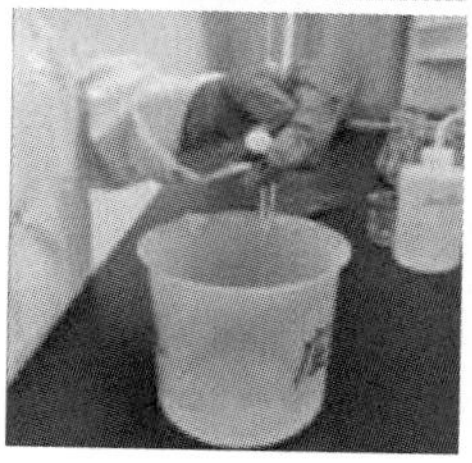	(1) 摇匀待装溶液，在滴定管中装入 10～15 mL待装液。 (2) 两手平端滴定管，同时慢慢转动使标准溶液接触整个内壁，润洗液从出口弃去。 (3) 迅速打开旋塞，使溶液快速冲出，将气泡带走。 注意：① 润洗 3～4 次后即可装入溶液。 ② 检查尖嘴内是否有气泡。如有气泡，将影响溶液体积的准确测量。 ③ 酸式滴定管排气泡方法和聚四氟乙烯塞滴定管一样；碱式滴定管将橡皮塞向上弯曲，两手指挤压玻璃珠，使溶液从管尖喷出，排除气泡
2	调零	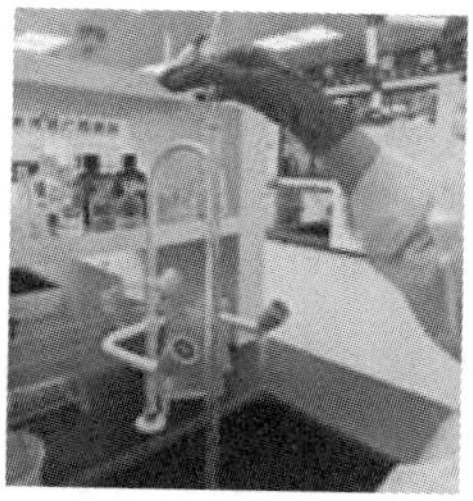	(1) 加入待装溶液至“0.00”刻度线以上。 (2) 慢慢转动旋塞放出溶液，使弯月面下缘与“0.00”刻度线上缘相切。 (3) 调好零点后，将滴定管夹在滴定管架上备用。 注意：读数时手持“0.00”刻度线以上部位，保持滴定管垂直，“0.00”刻度线与视线保持水平
3	滴定	  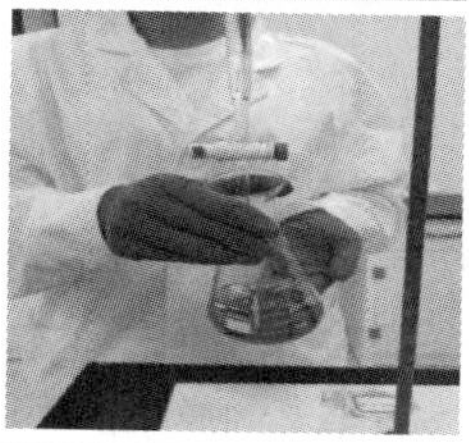	(1) 滴定前用锥形瓶外壁碰一下悬在滴定管尖端的液滴。 (2) 滴定管插入锥形瓶口 1～2 cm，右手持瓶，使瓶内溶液顺时针不断旋转，管口与锥形瓶无接触。 (3) 滴定时转动活塞，控制溶液的流出速度，要求做到：逐滴加入溶液（滴定速度一般为 6～8 mL/min）；只加入一滴；加半滴溶液。 (4) 半滴确定滴定终点。先控制活塞转动，使半滴溶液悬于管口，用锥形瓶内壁接触液滴，再用蒸馏水吹洗瓶壁。 注意：① 左手控制旋塞，大拇指在管前，食指和中指在后，三指轻捏旋塞柄，手指略微弯曲，向内扣住旋塞。无名指和小拇指弯曲在滴定管和旋塞下方之间的直角中，向外旋转旋塞使溶液滴出。 ② 眼睛注意观察锥形瓶中溶液颜色的变化，以便准确地确定滴定终点

续表

序号	操作流程	操作图示	操作步骤及注意事项
4	读数		注入溶液或放出溶液后，需等待 0.5～1 min 后才能读数(使附着在内壁上的溶液流下)。 注意：① 应用拇指和食指拿住滴定管液面上方适当位置，使滴定管保持垂直后读数。 ② 初读数应在“0.00”刻度线位置。 ③ 对于无色或浅色溶液，视线应与弯月面下缘相切，初读数和终读数应用统一标准。颜色较深的有色溶液则与弯月面上缘相切。读数必须准确到 0.01 mL
5	滴定结束		滴定管在使用完毕后，应立即用自来水及蒸馏水冲洗干净，倒置在滴定管架上。 注意：使用完毕后要清洗滴定管，并注意保养，爱护仪器

在使用滴定管时应注意以下事项：

(1) 滴定管不能在烘箱中烘干或用电吹风吹干，以免改变其体积。

(2) 同一分析工作，应使用同一支滴定管。

(3) 有一种蓝线衬背的滴定管，它的读数方法与上述不同，无色溶液有两个弯月面相交于滴定管蓝线的某一点，读数时视线应与此点在同一水平面上。有色溶液的读数方法与上述普通滴定管相同。

(4) 酸式滴定管长期不用时，活塞部分应垫上纸片，否则时间久了活塞不易打开。碱式滴定管不用时应拔下胶管，蘸些滑石粉保存。

说一说

☆ 为什么滴定管在装满溶液后，要擦干管外壁的溶液？

☆ 使用未洗净或存有气泡的滴定管，对滴定有什么影响？怎样赶除气泡？

☆ 为什么滴定时，最好每次都从“0.00”刻度线开始？

☆ 为什么滴定前要用锥形瓶外壁碰一下悬在滴定管尖端的液滴？

三、实验记录和报告要求

1. 实验记录(原始数据的处理)

原始记录是检验工作的原始凭证，是编制检验报告的依据，必须做到真正原始，应当真实、准确、完整、客观地记录原始信息，以能够溯源或复现检测结果。例如，在双氧水中过氧化氢含量的测定实验中，其实验记录如图 8-4 所示。

(1) 使用专门的记录本。学生应用专门印制的编有页码的实验记录本，绝不允许将

实验数据记录表

测定内容	次数		
	1	2	3
滴样前，滴瓶的质量/g	154.7053	154.5451	154.3850
滴样后，滴瓶的质量/g	154.5451	154.3850 (看错数据) ~~154.3891~~	154.2251
H_2O_2试样质量m/g	0.1602	0.1601	0.1599
1/5 $KMnO_4$标准滴定溶液的浓度，c/(mol/L)	0.1002		
滴定管初读数/mL	0.00	0.00	0.00
滴定管终读数/mL	26.12	26.10	26.08
滴定消耗$KMnO_4$标准溶液的体积/mL	26.12	26.10	26.08
滴定管体积校正值/mL	+0.02	+0.02	+0.02
溶液温度/℃	19	19	19
溶液温度补正值/(mL/L)	+0.2	+0.2	+0.2
溶液温度校正值/mL	+0.01	+0.01	+0.01
实际消耗$KMnO_4$标准溶液体积，V/mL	26.15	23.13	26.11
$\omega(H_2O_2)$/%	27.82	27.81	27.83
算术平均值(H_2O_2)/%	27.82		
平行测定结果之差的绝对值/%	0.02		

样品名称：35%工业过氧化氢　　检验项目：过氧化氢含量

检验日期：2020.12.28　　检验标准：GB/T 1616—2014

标准溶液名称及浓度：0.1002 mol/L(1/5 $KMnO_4$)　　溶液温度：19℃

样品编号	样+瓶重1/g	样+瓶重2/g	样重m/g	V_{KMnO_4}/mL	$V_{体校}$/$V_{温校}$	$V_{实}$/mL	H_2O_2/%	均值(%)/极差(%)
SY1	154.7053	154.5451	0.1602	26.12	0.02/0.01	26.15	27.82	27.82/0.02
	154.5451	154.3850	0.1601	26.10	0.02/0.01	26.13	27.81	
	154.3850	154.2251	0.1599	26.08	0.02/0.01	26.11	27.83	

图 8-4　实验数据原始记录

数据记在单面纸或小纸片上，或记在书上、手掌上等。

(2) 应及时、准确地记录。实验过程中各种测量数据及有关现象，应及时、准确地记录下来，决不能随意拼凑或伪造数据。记录中的文字叙述部分，应尽可能简明扼要；数据记录部分，应先设计一定形式的表格，这样更为清晰、规范。实验过程中涉及的特殊仪器型号和标准溶液的浓度、室温等，也应及时记录下来。

(3) 注意有效数字。实验过程中记录测量数据时，应注意有效数字的位数与仪器的精度一致。例如，用万分之一天平称量时，要记录到 0.0001 g；常量滴定管及吸量管的读数，应记录至 0.01 mL。

(4) 相同数据的记录。实验记录的每一个数据都是测定结果，所以平行测定时，即使数据完全相同也应如实记录下来。

(5) 数据的改动。如果实验中发现数据记录有误，比如测定错误、读数错误等，需要改动原始记录时，可将要改动的数据用一横线画掉，并在其上方写出正确数据，还要注明改动原因。

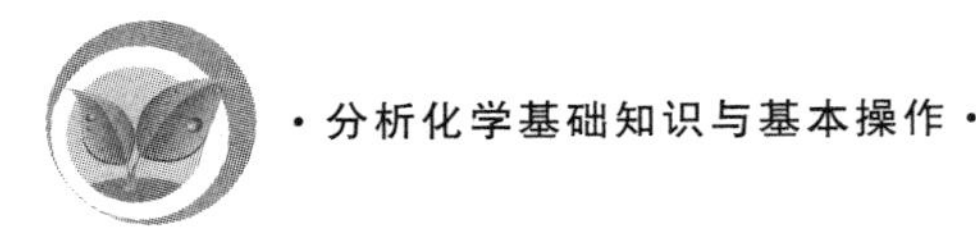

(6) 用笔。数据记录要用蓝黑色或黑色墨迹的钢笔或签字笔,不得使用圆珠笔和铅笔。

2. 实验报告

实验完成后,应根据预习与实验中的现象及数据记录等,及时认真地撰写实验报告。分析化学实验报告一般包括以下内容。

(1) 实验编号及实验名称。

(2) 实验目的。

(3) 实验原理。简要地用文字和化学反应式说明。例如,对于滴定分析,通常应有标定和滴定反应方程式、基准物质和指示剂的选择及适用的酸度范围、终点现象、标定和滴定的计算公式等。对特殊仪器的实验装置,应画出实验装置图。

(4) 主要试剂及仪器。列出实验中所要使用的主要试剂及仪器,包括特殊仪器的型号及标准滴定溶液的浓度。

(5) 实验步骤。应简明扼要地写出实验步骤,可用箭头流程法表示。

(6) 数据记录与处理。应用表格将实验数据表达出来,包括测定次数、数据平均值、平均偏差、相对偏差、标准偏差、结果计算公式等。数据应使用法定计量单位。

(7) 误差分析。分析误差产生的原因,写出实验中应注意的问题及改进意见。

(8) 实验体会。包括对实验的感受、成功的经验、失败的总结。

(9) 思考题。对实验中的现象、产生的误差等进行讨论和分析,尽可能地结合分析化学中的有关理论,以提高自己分析问题、解决问题的能力。

操作练习

活动 1　滴定管的使用练习

主要任务

◇ 选择滴定管。

◇ 洗涤滴定管。

◇ 练习滴定管的使用。

实验操作指导书

1. 滴定管的选择

选择的滴定管是□酸式滴定管、□碱式滴定管、□聚四氟乙烯塞滴定管
□无色滴定管、□棕色滴定管

2. 检查滴定管的质量和有关标志

(1) 准确度等级________级、标称容量________mL。

(2) 滴定管的上管口是否完好________,管尖是否破损__________。

(3) 滴定管是否漏液________。

3. 滴定管的洗涤

(1) 选择的洗涤液________。

(2) 洗净后的滴定管是否挂液________。

4. 滴定管的操作

(1) 润洗滴定管。

用待装溶液润洗________次,每次________mL。

(2) 装溶液,排气泡。

左手拿________,使滴定管倾斜,右手拿________往滴定管中倒溶液,直至充满零刻度线以上。酸式滴定管尖嘴处有气泡时,右手拿滴定管上部无刻度线处,左手打开活塞,使溶液迅速冲走气泡。碱式滴定管有气泡时,将橡皮塞向上弯曲,两手指挤压玻璃珠,使溶液从管尖喷出,排除气泡。

(3) 调零。

调整液面使其与零刻度线相平,初读数为________mL。

(4) 滴定操作练习。

滴定时转动活塞,控制溶液的流出速度,要求做到:逐滴加入溶液(滴定速度一般为________mL/min);只加入一滴;加半滴溶液。加半滴的方法是________________。

(5) 读数。

注入或放出溶液时,应静置________min后再读数。无色或浅色溶液视线应与弯月面________相切,深色溶液视线应与弯月面________相切。

5. 结束工作

洗净滴定管,倒夹在滴定台上。

以上操作反复练习,直至熟练为止。

活动2　滴定管的使用考核

主要任务

◇ 滴定管的使用考核。

实验操作指导书

1. 涂油、试漏

2. 洗净滴定管至不挂水珠

3. 滴定管的使用

(1) 用待装溶液润洗;

(2) 装溶液、赶气泡;

(3) 调零;

(4) 滴定操作练习,练习三种滴定速度(点滴成线、一滴、半滴);

(5) 读数。

4. 用毕后洗净,倒夹在滴定台上

学生两人一组,一个学生操作,另一个学生依据表8-2进行评价,正确打√,错误打×。

表 8-2　滴定管基本操作

项目		操作要领	正确	错误
滴定管的使用	滴定管的准备	滴定管洗液的用量为 10～15 mL		
		滴定管的内壁不挂水珠		
		滴定管下端无液体滴出，活塞缝不漏液		
		摇匀待装液		
		润洗时待装液用量为 10～15 mL		
		两手平端滴定管，同时慢慢转动使标准溶液接触整个内壁		
		用待装液润洗 3 次		
		润洗后废液的排放（从上口排出，并打开活塞）		
		洗涤液放入废液杯（没有放入原瓶）		
		滴定管尖无气泡		
		调节液面前放置 1～2 min		
	滴定管的操作	从 0.00 mL 开始		
		用锥形瓶外壁碰一下悬在滴定管尖端的液滴		
		滴定时管尖插入锥形瓶口 1～2 cm		
		滴定时管口与锥形瓶内壁无接触		
		滴定时锥形瓶内溶液不能跳动		
		没有挤松活塞漏液的现象		
		没有滴出锥形瓶外的现象		
		滴定速度为 6～8 mL/min		
		加半滴操作正确		
	读数	停 30 s 读数		
		读数时取下滴定管		
		读数时手拿滴定管液面以上部分		
		读数姿态（滴定管垂直，视线水平，读数准确）		
	结束	滴定完毕后管内残液放入废液缸		
		滴定管洗净并放在滴定台上		

目标检测

一、单项选择题

1. 带有玻璃活塞的滴定管常用来装(　　)。

A. 碱性溶液　　B. 酸性溶液

C. 见光易分解溶液　　D. 任何溶液

2. 碱式滴定管常用来装(　　)。

A. 碱性溶液　　B. 酸性溶液

C. 见光易分解溶液　　D. 任何溶液

3. 读取滴定管读数时,下列操作错误的是(　　)。

A. 读数前要检查滴定管内壁是否挂水珠,管尖是否有气泡

B. 读数时,应使滴定管保持垂直

C. 读取弯月面下缘最低点,并使视线与该点在一个水平面上

D. 有色溶液与无色溶液的读数方法相同

4. 滴定过程中,下列操作正确的是(　　)。

A. 使滴定管尖部分悬在锥形瓶口上方,以免碰到瓶口

B. 摇瓶时,使溶液向同一方向做圆周运动,溶液不得溅出

C. 滴定时,左手可以离开旋塞任其自流

D. 为了操作方便,最好滴完一管再装溶液

5. 对滴定管的选用的叙述中,正确的是(　　)。

A. 滴定 0.1 mol/L 的 $KMnO_4$ 标准滴定溶液时,可选用白色酸式玻璃滴定管

B. 滴定 0.1 mol/L 的 $Na_2S_2O_3$ 标准滴定溶液时,可选用白色酸式玻璃滴定管

C. 滴定 0.1 mol/L 的 NaOH 标准滴定溶液时,可选用白色酸式玻璃滴定管

D. 滴定 0.1 mol/L 的 HCl 标准滴定溶液时,可选用白色酸式玻璃滴定管

二、判断题

1. 容量瓶、滴定管、吸量管不可以加热烘干,也不能盛装热的溶液。(　　)

2. 滴定分析所使用的滴定管按照容量及分刻度值不同分为微量滴定管、半微量滴定管和常量滴定管三种。(　　)

3. 若滴定开始时发现滴定管下端挂溶液,可将其靠入锥形瓶中。(　　)

4. 酸式滴定管和碱式滴定管在使用前必须用待装溶液润洗。(　　)

5. 滴定管每次使用起点一般为最上面的“0.00”刻度线。(　　)

6. 深色溶液读数时视线要与凹液面的最高点相切。(　　)

7.滴定管、移液管、量杯属于精密量器。(　　)

8.滴定开始时,滴定速度可以快些,可连续呈直线状滴下。(　　)

9.在装入滴定液后,要排除滴定管内的气泡。(　　)

10.硝酸银标准溶液应装在棕色碱式滴定管中进行滴定。(　　)

三、分析表 8-3 中的过失操作或不规范操作对滴定消耗体积的影响

表 8-3　过失操作或不规范操作

序号	过失操作或不规范操作	使消耗体积偏高或偏低
1	待装溶液润洗时，用量过少，滴定管润洗不够充分	
2	滴定前未用锥形瓶外壁将滴定管尖的液滴靠掉	
3	滴定管读数时仰视	
4	滴定管读数时俯视	
5	滴定结束没有停留 30 s 直接读数	

阅读材料

十年磨剑 精益求“金”

金川集团铜业有限公司贵金属冶炼分厂提纯工序工序长潘从明，多年来，致力于提升贵金属提纯工艺，不仅开创全新工艺流程和技术标准，还填补国内外复杂铑铱物料综合利用的技术空白。

1996 年，潘从明从原金川公司技校铸造专业毕业后，被分配到当时的金川公司第二冶炼厂贵金属车间工作，负责贵金属提纯，虽专业不对口，可潘从明并未退却。当时，潘从明四处寻找也买不到专业书籍。“没有书，只能跟着师傅现场学。”他每天将师傅的话一一记录，晚上反复回味、归纳誊写，不知不觉笔记本堆起来一米多高。

2004 年，公司邀请西安建筑科技大学的专家学者到企业教授冶金等相关课程，留在潘从明心中多年的困惑才彻底得到解决，也是那时他开始自主试验。工作中，潘从明阅读了 120 多本专业书籍，写下了 30 多万字的笔记，还重新归纳了 20 多种可用于提纯的化学试剂，总结了书本外的 600 多个涉及贵金属冶炼工艺的化学方程式。

历经数万次反复试验，潘从明掌握了通过溶液颜色来判断提纯程度和解决工艺问题的本领。他改进原有工艺，开创全新工艺流程及技术标准，获得了 2019 年度“国家科学技术进步奖二等奖”。党和国家更加重视对产业工人的政策支持，越来越多的产业工人实现价值，获得“大国工匠”称号。

任务9 认识滴定分析及操作

任务目标

◆ 知识目标

1. 认识滴定分析中的基本术语；
2. 了解滴定分析法的原理，明确滴定分析对化学反应的要求；
3. 熟悉滴定分析的滴定方法和滴定方式。

◆ 能力目标

1. 能叙述滴定分析的相关概念；
2. 能区分不同的滴定方法和滴定方式；
3. 能规范和熟练地完成滴定分析操作；
4. 能正确判断酚酞和甲基橙指示剂的滴定终点。

◆ 素养目标

1. 培养细致严谨、精益求精的科学态度；
2. 养成良好的实验台整理习惯，树立安全作业意识。

情景导入

滴定分析法的发展史

1685年，格劳贝尔在介绍利用硝酸和锅灰碱制造纯硝石时指出："把硝酸逐滴加到锅灰碱中，直到不再产生气泡，这时两种物料就都失掉了它们的特性，这是反应达到中和点的标志。"由此可见，那时已经有了关于酸碱反应中和点的初步概念。

18世纪60年代中期，从英国发起的第一次工业革命开创了以机器代替手工工具的时代，人类社会由此进入"蒸汽时代"。工厂成为工业化生产的最主要组织形式，滴定分析在化学工业兴起的直接推动下从法国产生和发展起来。使用各种化学产品的厂家，为了保证自身产品的质量，避免经济上的损失，非常重视化工原料的纯度和成分。因此，厂家就要专门对从工厂买回来的原料进行质检，纷纷建立起原料质量检验部门——工厂化验室。为适应简陋的环境和紧张的生产进度，工厂化验室需要迅速和简易的分析方法。然而，当时流行的重量分析法包括分离、提纯、称量等多个步骤，明显不能满足要求，因此滴

定法应时而生。所以说社会需求是科技进步的一大动力，滴定分析起源于生产，更是被生产推动发展。

有人称，19 世纪分析化学的最大成就是滴定分析法的大发展。19 世纪 30—50 年代，滴定分析法发展到了极盛时期。1833 年，法国著名化学家盖-吕萨克发明了著名的银量法，使滴定分析法的准确度空前提高，可以与重量分析法相媲美，在货币分析中赢得了信誉，从而引起了法国以外的化学家对滴定分析法的关注，促进了这种方法的推广。1835 年，他又找到了更好的滴定次氯酸盐的方法，改用亚砷酸为基准物，用靛蓝作指示剂。随后，他用硫酸滴定草木灰，又用氯化钠滴定硝酸银。这三项工作分别代表分析化学中的氧化还原滴定法、酸碱滴定法和沉淀滴定法。由于盖-吕萨克对滴定分析贡献巨大，后人称其为“滴定分析之父”。

说一说

☆ 一个成功的科学家，应具备的品质有哪些？

学习资料

滴定分析法又叫容量分析法，是将标准滴定溶液滴加到被测试样溶液中，直到所加的标准滴定溶液与被测物质按化学计量关系定量反应为止，然后测量消耗的标准滴定溶液的体积，根据标准滴定溶液的浓度和所消耗的体积，算出被测物质的含量。它是一种简便、快速、应用广泛的定量分析方法，适用于常量组分的分析（组分含量$>1\%$），相对误差一般为 0.1% ~ 0.2%，准确度较高。

一、滴定分析中的基本术语

（1）标准滴定溶液（滴定剂）：已知准确浓度，用于滴定分析的溶液。可以用基准物质直接配制，例如 0.1000 mol/L 重铬酸钾（$K_2Cr_2O_7$）标准滴定溶液；或用分析纯试剂配制成近似浓度的溶液后，再用基准物质测定其准确浓度，例如 0.1024 mol/L 盐酸（HCl）标准滴定溶液。

（2）指示剂：通过颜色改变来指示待测组分与标准滴定溶液反应进行程度的一种辅助试剂。例如酚酞，滴加到酸性待测试液中呈无色，用氢氧化钠（NaOH）标准滴定溶液滴定至两种物质反应完全时，酚酞变为浅红色。滴定分析中的常用试剂见图 9-1。

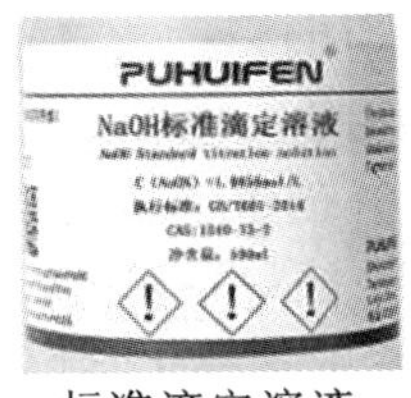

标准滴定溶液

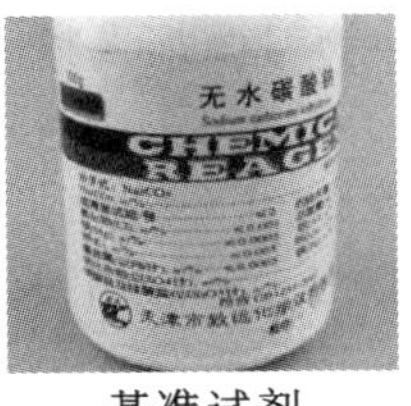

基准试剂

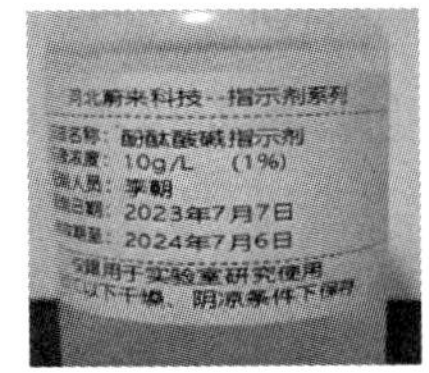

指示剂

图 9-1 滴定分析中的常用试剂

（3）滴定：将标准滴定溶液通过滴定管滴加到待测组分溶液中的过程。滴定分析法即因此而得名。

(4) 化学计量点(理论终点):当滴加滴定剂的量与被测物质的量的关系正好符合化学反应式所表示的化学计量关系时,即滴定反应达到化学计量点。

(5) 滴定终点:滴定过程中指示剂颜色突变而停止滴定的点。大多数滴定反应,在化学计量点时没有任何外部特征,必须借助指示剂变色来确定。

(6) 终点误差(滴定误差):由滴定终点与化学计量点不完全相符引起的分析误差。滴定分析中,终点误差为±0.1%。

例如,用 0.1000 mol/L 氢氧化钠(NaOH)标准滴定溶液滴定 20.00 mL 浓度为 0.1000 mol/L的盐酸(HCl)溶液,以酚酞作指示剂。氢氧化钠与盐酸恰好反应完全时,消耗氢氧化钠标准滴定溶液的体积是 20.00 mL(pH=7)。但实际滴定时,溶液颜色由无色变为浅红色消耗氢氧化钠标准滴定溶液的体积为 20.02 mL(酚酞指示剂的 pH 变色范围为 8.0~10.0)。其中,20.00 mL为化学计量点,20.02 mL 为滴定终点,多滴的 0.02 mL 为终点误差。图 9-2 所示为滴定操作与终点控制。

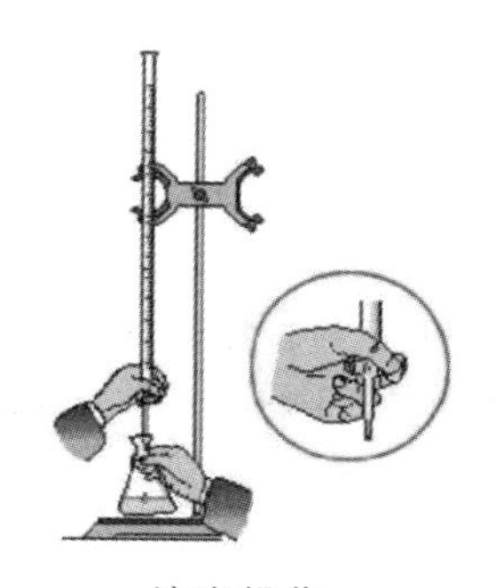

滴定操作

终点控制

图 9-2 滴定操作与终点控制

二、滴定分析对化学反应的要求

滴定分析是建立在滴定反应基础上的定量分析法。若被测物 A 与滴定剂 B 的滴定反应式为

$$aA+bB \xlongequal{} dD+eE$$

它表示 A 和 B 是按照摩尔比 $a:b$ 的关系进行定量反应的。滴定分析中,依据滴定反应的定量关系,通过测量所消耗的已知浓度(mol/L)的滴定剂的体积(mL),求得被测物的含量。

适合滴定分析的化学反应应该具备以下几个条件。

(1) 反应必须按化学反应式定量地完成,通常要求达到 99.9%以上,这是定量计算的基础。

(2) 反应能够迅速地完成,有时可通过加热或加入催化剂以加速反应。

(3) 共存物质不干扰主要反应,或用适当的方法消除其干扰。

(4) 有适当的方法确定滴定终点,如指示剂法或电位法。

三、滴定分析法的分类

根据滴定时反应类型的不同，滴定分析法可分为酸碱滴定法、配位滴定法、氧化还原滴定法、沉淀滴定法。大多数滴定是在水溶液中进行的，若在水以外的溶剂中进行，称为非水滴定法。

1. 酸碱滴定法

酸碱滴定法是指以酸碱中和反应为基础的滴定分析方法，可用于测定酸、碱和两性物质，例如用氢氧化钠标准滴定溶液测定醋酸。

$$CH_3COOH + NaOH \longrightarrow CH_3COONa + H_2O \quad (H^+ + OH^- \longrightarrow H_2O)$$

酸 + 碱 ⟶ 盐 + 水

2. 配位滴定法

配位滴定法是指以配位反应为基础的滴定分析法，可用于测定各种金属离子，例如用乙二胺四乙酸二钠测定水的硬度。

$$M^{2+} + Y^{4-} \longrightarrow MY^{2-}$$

金属离子 + 配位剂 ⟶ 配合物

3. 氧化还原滴定法

氧化还原滴定法是指以氧化还原反应为基础的滴定分析方法，可用于直接测定具有氧化性或还原性的物质，及间接测定某些不具有氧化性或还原性的物质。例如，用重铬酸钾标准滴定溶液测定亚铁盐。

$$6Fe^{2+} + Cr_2O_7^{2-} + 14H^+ \longrightarrow 6Fe^{3+} + 2Cr^{3+} + 7H_2O$$

还原剂 + 氧化剂　　　　氧化产物+还原产物

氧化还原滴定法是滴定分析中应用最广泛的方法之一，根据所用标准滴定溶液的不同，又可以分为高锰酸钾法、重铬酸钾法、碘量法、溴酸钾法、铈量法等。

4. 沉淀滴定法

沉淀滴定法是指以沉淀反应为基础的滴定分析方法。例如银量法，可用于测定银离子(Ag^+)、氰离子(CN^-)、硫氰根离子(SCN^-)及卤素离子(Cl^-、Br^-、I^-)等离子。例如，用硝酸银标准滴定溶液测定食盐中的氯。

$$NaCl + AgNO_3 \longrightarrow AgCl\downarrow + NaNO_3$$

白色沉淀

四、滴定分析的方式

1. 直接滴定法

直接滴定法是指用标准滴定溶液直接滴定被测物质溶液的方法。凡是能同时满足上述滴定反应条件的化学反应，都可以采用直接滴定法。例如，用盐酸标准滴定溶液滴定氢氧化钠，用高锰酸钾标准滴定溶液滴定双氧水等。

$$NaOH + HCl \longrightarrow NaCl + H_2O$$

$$5H_2O_2+2KMnO_4+3H_2SO_4 \longrightarrow 2MnSO_4+K_2SO_4+8H_2O+5O_2\uparrow$$

直接滴定法是滴定分析法中最常用、最基本的滴定方式，简捷、快速、引入误差小。直接滴定法的操作步骤如图 9-3 所示。

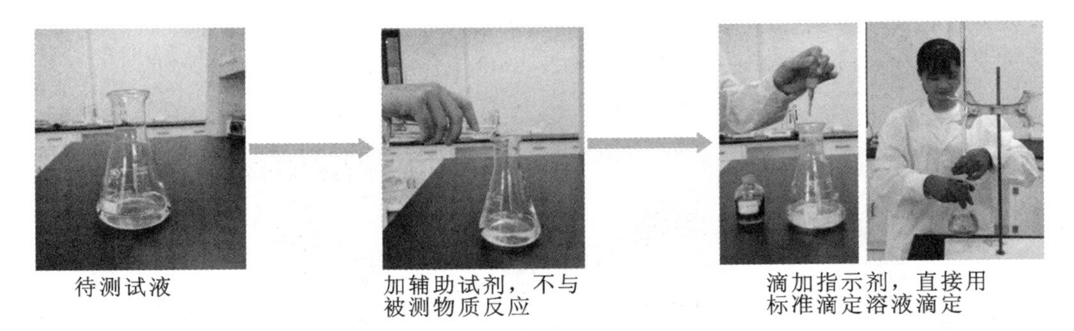

待测试液　加辅助试剂，不与被测物质反应　滴加指示剂，直接用标准滴定溶液滴定

图 9-3　直接滴定法的操作步骤

2. 返滴定法

返滴定法是指先准确地加入一定量过量的标准滴定溶液至待测试液中，使其与试液中的被测物质或固体试样进行反应，待反应完成后，再用另一种标准滴定溶液滴定剩余的标准溶液的方法。返滴定法的操作步骤如图 9-4 所示。

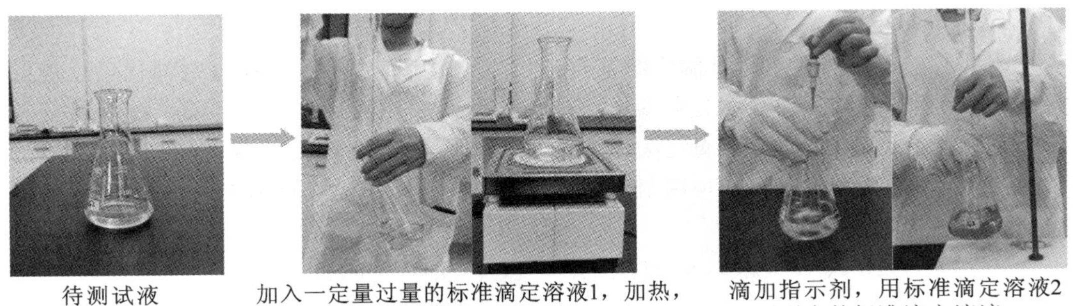

待测试液　加入一定量过量的标准滴定溶液1，加热，标准滴定溶液1与被测物质定量反应　滴加指示剂，用标准滴定溶液2滴定剩余的标准滴定溶液1

图 9-4　返滴定法的操作步骤

例如，铝离子（Al^{3+}）与 EDTA 的反应速率很慢，不能直接滴定。通常是在 Al^{3+} 试液中加入一定量过量的 EDTA 标准滴定溶液，加热使反应完全后，用锌（Zn^{2+}）标准滴定溶液滴定剩余的 EDTA。

$$Al^{3+}+H_2Y^{2-}(\text{过量}) \longrightarrow AlY^{-}+2H^{+}$$

$$H_2Y^{2-}(\text{剩余})+Zn^{2+} \longrightarrow ZnY^{2-}+2H^{+}$$

在测定固体碳酸钙时，先加入已知过量的盐酸标准溶液，待反应完全后，再用氢氧化钠标准滴定溶液滴定剩余的盐酸。

$$CaCO_3+2HCl(\text{过量}) \longrightarrow CaCl_2+H_2O+CO_2\uparrow$$

$$HCl(\text{剩余})+NaOH \longrightarrow NaCl+H_2O$$

3. 置换滴定法

置换滴定法是在试液中加入适当试剂与待测组分反应，置换出一定量能被滴定的物质，然后用适当的标准滴定溶液滴定此反应产物。置换滴定法的操作步骤如图9-5所示。例如，用硫代硫酸钠（$Na_2S_2O_3$）不能直接滴定重铬酸钾（$K_2Cr_2O_7$）和其他强氧化剂，而是在重铬酸钾的酸性溶液中加入过量的碘化钾（KI），则重铬酸钾被还原并置换出一定量的碘，然后用硫代硫酸钠标准滴定溶液直接滴定碘。

$$K_2Cr_2O_7 + 6KI + 7H_2SO_4 \longrightarrow Cr_2(SO_4)_3 + 4K_2SO_4 + 7H_2O + 3I_2$$

$$I_2 + 2S_2O_3^{2-} \longrightarrow 2I^- + S_4O_6^{2-}$$

图9-5 置换滴定法的操作步骤

4. 间接滴定法

有些物质虽然不能与标准滴定溶液直接发生化学反应，但可以通过别的化学反应间接测定。例如，高锰酸钾法测定钙就属于间接滴定法。因为 Ca^{2+} 在溶液中没有可变价态，所以不能直接用氧化还原滴定法滴定。但若先将 Ca^{2+} 沉淀为草酸钙（CaC_2O_4），过滤洗涤后用硫酸（H_2SO_4）溶解，再用 $KMnO_4$ 标准滴定溶液滴定分解出来的 $C_2O_4^{2-}$，便可间接测定钙的含量。

$$CaC_2O_4 + H_2SO_4 \longrightarrow CaSO_4 + H_2C_2O_4$$

返滴定法、置换滴定法、间接滴定法的应用大大扩宽了滴定分析的应用范围。

说一说

☆ 下列测定项目分别属于哪类滴定方法？采用的是什么滴定方式？

（1）烧碱含量测定。

（2）双氧水中过氧化氢含量测定。

（3）水硬度的测定。

（4）硫代硫酸钠标准滴定溶液浓度的测定。

（5）食盐中氯离子的测定。

（6）铝盐含量测定。

（7）醋酸含量测定。

（8）亚铁盐含量测定。

（9）碳酸钙含量测定。

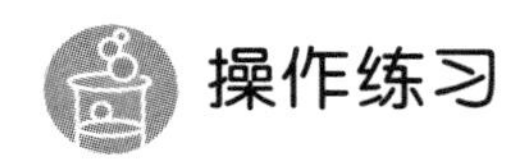

操作练习

活动1 滴定终点练习

实验原理

滴定终点判断正确与否，直接影响滴定分析结果的准确度。碱滴定酸常用的指示剂是酚酞(PP)，其pH变色范围为8.0(无色)～10.0(红色)，pH＝8.7附近为粉红色。酸滴定碱常用的指示剂是甲基橙(MO)，其pH变色范围为3.1(红色)～4.4(黄色)，pH＝3.4附近为橙色。

主要任务

◇ 配制0.1 mol/L盐酸(HCl)溶液。
◇ 配制0.1 mol/L氢氧化钠(NaOH)溶液。
◇ 配制2 g/L酚酞指示剂。
◇ 配制1 g/L甲基橙指示剂。
◇ 酚酞指示剂滴定终点练习。
◇ 甲基橙指示剂滴定终点练习。

实验操作指导书

1. 溶液的配制

(1) 配制250 mL 0.1 mol/L HCl溶液。

计算浓盐酸体积：________________________________(计算过程)

配制过程：____

____

____

(2) 配制250 mL 0.1 mol/L NaOH溶液。

计算氢氧化钠质量：________________________________(计算过程)

配制过程：____

____

____

(3) 配制50 mL 2 g/L酚酞指示剂。

计算酚酞质量：________________________________(计算过程)

配制过程：____

____

____

(4) 配制50 mL 1 g/L甲基橙指示剂。

计算甲基橙质量：________________________________(计算过程)

配制过程：____

____

____

2. 滴定管的准备

两名学生为一组，分别洗净自己的聚四氟乙烯塞滴定管，一个学生用配制好的 NaOH 溶液润洗滴定管 3 次，然后装入 NaOH 溶液，赶出气泡后调节液面至 0.00 mL 刻度线，另一个学生用配制好的 HCl 溶液润洗滴定管后，也装管至 0.00 mL 刻度线。

3. 酚酞指示剂滴定终点练习

在锥形瓶中加入约 50 mL 水和 2 滴酚酞指示剂，从滴定管中放出 5 mL HCl 溶液，观察其颜色________；然后从另一支滴定管滴加 NaOH 溶液至溶液由________色变为________色（如果滴到红色，说明 NaOH 滴过量了），然后滴加 HCl 溶液至________色。如此反复滴加 HCl 和 NaOH 溶液，直至达到能够通过加入半滴溶液而确定滴定终点。

4. 甲基橙指示剂滴定终点练习

在锥形瓶中加入约 50 mL 水和 2 滴甲基橙指示剂，从滴定管中放出 5 mL NaOH 溶液，观察其颜色________；然后从另一支滴定管滴加 HCl 溶液至溶液由________色变为________色（如果滴到红色，说明 HCl 滴过量了），然后滴加 NaOH 溶液至________色。如此反复滴加 HCl 和 NaOH 溶液，直至达到能够通过加入半滴溶液而确定滴定终点。

实验记录

(1) 是否能正确配制实验用的溶液？________________

(2) 是否能正确判断酚酞指示剂滴定终点？____________ 用时________

(3) 是否能正确判断甲基橙指示剂滴定终点？____________ 用时________

活动 2　酸碱体积比测定

实验原理

在指示剂不变的情况下，一定浓度的 HCl 溶液和 NaOH 溶液相互滴定时，所消耗的体积之比 $V(HCl)/V(NaOH)$ 应是一定的。即移取 HCl 或 NaOH 溶液体积相同时，滴定消耗 NaOH 或 HCl 溶液的体积应基本不变。

主要任务

◇ 用 NaOH 溶液滴定 HCl 溶液。

◇ 用 HCl 溶液滴定 NaOH 溶液。

实验操作指导书

1. 以酚酞为指示剂，用 NaOH 溶液滴定 HCl 溶液

(1) 滴定管准备。

滴定管洗净后，用 NaOH 溶液润洗 3 次后，装管、赶气泡、调零刻度线。

(2) 移液管准备。

移液管洗净后用 HCl 溶液润洗 3 次，备用。

(3) 用 NaOH 溶液滴定 HCl 溶液。

用移液管准确移取 25.00 mL HCl 溶液置于锥形瓶中，加 2 滴酚酞指示剂，然后用 NaOH 溶液滴定至溶液由无色变为粉红色，30 s 内不褪色即为终点，记录读数。平行测

定 4 次，要求消耗 NaOH 溶液体积的极差应不超过 0.04 mL，否则应重新测定 4 次。

2. 以甲基橙为指示剂，用 HCl 溶液滴定 NaOH 溶液

(1) 滴定管准备。

滴定管洗净后，用 HCl 溶液润洗 3 次后，装管、赶气泡、调零刻度线。

(2) 移液管准备。

移液管洗净后用 NaOH 溶液润洗 3 次，备用。

(3) 用 HCl 溶液滴定 NaOH 溶液。

用移液管准确移取 25.00 mL NaOH 溶液置于锥形瓶中，加 1 滴甲基橙指示剂，然后用 HCl 溶液滴定至溶液由黄色变为橙色即为终点，记录读数。平行测定 4 次，要求消耗 HCl 溶液体积的极差应不超过 0.04 mL，否则应重新测定 4 次。

实验记录

用 NaOH 溶液滴定 HCl 溶液及用 HCl 溶液滴定 NaOH 溶液的实验记录分别见表 9-1、表 9-2。

表 9-1 用 NaOH 溶液滴定 HCl 溶液(指示剂：酚酞)

项目	第一次实验记录				第二次实验记录			
	1	2	3	4	1	2	3	4
V(HCl)/mL								
V(NaOH)/mL								
消耗 NaOH 体积的极差 R/mL								

表 9-2 用 HCl 溶液滴定 NaOH 溶液(指示剂：甲基橙)

项目	第一次实验记录				第二次实验记录			
	1	2	3	4	1	2	3	4
V(NaOH)/mL								
V(HCl)/mL								
消耗 HCl 体积的极差 R/mL								

说一说

☆ 锥形瓶使用前是否要干燥？为什么？

☆ 移液管如果没润洗或润洗不充分，对实验结果有何影响？

☆ 滴定管如果没润洗或润洗不充分，对实验结果有何影响？

☆ 试分析滴定消耗 NaOH 溶液(或 HCl 溶液)的体积不相同的原因。

目标检测

一、单项选择题

1. 有关标准滴定溶液的下列叙述，不正确的是（　　）。

A. 用于滴定分析，浓度准确已知　　B. 常用物质的量浓度表示

C. 可以用基准物质直接配制　　D. 不能用分析纯试剂配制

2. 酚酞指示剂的 pH 变色范围为（　　）。

A. 8.0～10.0　　B. 4.4～10.0　　C. 9.4～10.6　　D. 7.2～8.8

3. 终点误差的产生是由于（　　）。

A. 滴定终点与化学计量点不符　　B.滴定反应不完全

C. 试样不够纯净　　D.滴定管读数不准确

4. 金属离子含量的测定，一般采用（　　）分析法。

A. 酸碱滴定　　B. 配位滴定　　C. 氧化还原滴定　　D. 沉淀滴定

5. 以酚酞作指示剂，用硫酸滴定氢氧化钠溶液，终点颜色变化为（　　）。

A. 无色变为浅红色　　B. 红色恰好消失

C. 黄色变为橙色　　D. 橙色变为黄色

二、判断题

1. 滴定分析法是将标准溶液滴加到待测试液中，根据标准溶液的浓度和所消耗的体积计算被测物质含量的测定方法。（　　）

2. 能用于滴定分析的化学反应，必须满足的条件之一是有确定的化学计量比。（　　）

3. 在滴定分析中，一般利用指示剂颜色的突变来判断化学计量点的到达，在指示剂变色时停止滴定，这一点称为化学计量点。（　　）

4. 在滴定分析过程中，当滴定至指示剂颜色改变时，滴定达到终点。（　　）

5. 在以酚酞为指示剂，以 NaOH 为标准滴定溶液分析酸的含量时，近终点时应避免剧烈摇动。（　　）

三、简答题

1. 什么是滴定分析法？有哪些滴定分析法？

2. 能用于滴定分析的化学反应必须具备哪些条件？

3. 滴定分析的方式有哪些？各适用于什么情况？

阅读材料

守正创新，踔厉奋发

清朝时期，出身“草根”的徐寿，凭借自己的聪明才智和精湛技艺，被清朝同治皇帝赐予“天下第一巧匠”的称号。

徐寿的父母早逝，为了养家糊口，他不得不放弃科考，转而研究经世致用之学。他从农具、器物、艺术品制作开始，逐步掌握了铁工、木工、泥工、纺织等手艺，成了百巧万能的匠人。后来，徐寿学习西方先进工艺，表现出超凡的创造能

力，做出了中国历史上第一艘蒸汽船——“黄鹄号”。此外，在徐寿等人的建议下，清政府创办了近代中国第一家引进、翻译西方科技类书籍的学术机构——江南制造局翻译馆。他亲自参与翻译大量书籍，内容涵盖兵学、矿学、化学等，大家耳熟能详的化学元素周期表，也出自他手，他对中国近代化学的发展起着先驱作用。

一味模仿，亦步亦趋，只能步人后尘，难以看到“奇伟瑰怪非常之观”。只有独立思考，勇于创新，才能开辟一方天地，成就一番事业。徐寿创造了史上多个第一，为中国近代科技的发展做出了不朽的贡献。由此观之，唯有创新才是开拓事业、成就人生、富强国家的不二法门。

任务10　滴定分析中的计算

任务目标

◆ 知识目标

1. 掌握有效数字的修约及运算规则，能对实验数据正确修约及运算；

2. 掌握滴定分析的计算基础——等物质的量反应规则，能根据化学反应方程式确定反应物的基本单元并进行有关计算。

◆ 能力目标

1. 能正确进行食醋总酸度的测定，提高分析操作基本技能；

2. 能正确记录并处理实验数据，提高数字运算能力。

◆ 素养目标

1. 培养学生规范细心、求真务实的工作态度；

2. 培养学生认真思考、解决实际问题的能力。

情景导入

食醋小知识

我国是世界上谷物酿醋最早的国家，早在公元前8世纪就已有了醋的文字记载。春秋战国时期，已有专门酿醋的作坊。到汉代时，醋开始普遍生产。南北朝时，食醋的产量和销量都已很大，当时的名著《齐民要术》曾系统地总结了我国劳动人民从上古到北魏时期的制醋经验和成就，书中共收载了22种制醋方法，这也是我国现存史料对粮食酿造醋的最早记载。

醋又称为食醋、醯、苦酒等，是调味品中常用的一个品类，中国著名的醋有神秘湘西原香醋、镇江香醋、山西老陈醋、保宁醋、天津独流老醋、福建永春老醋、广灵登场堡醋、岐山醋、河南老鳖一特醋及红曲米醋。

醋是主要含乙酸2%～9%（质量分数）的水溶液。食醋生产方法可分为人工合成醋和酿造醋。人工合成醋是在食用醋酸中添加水、酸味剂、调味料、食用色素等而得到的，其醋味很大，但无香味，这种醋不含食醋中的各种营养成分，因此不容易发霉变质。人工合成醋没有营养价值，只能调味，所以若无特殊需要，还是以吃酿造醋为好。酿造醋是以粮食、糖、乙醇为原料，通过微生物发酵酿造而成，除含乙酸外，还含有多种氨基酸以及其他很多微量物质。由于各地的原料、工艺、饮食习惯不同，各地酿造醋的口味相差很大。

总酸度是食醋产品的一种特征性指标，总酸度越高说明食醋酸味越浓。按照国家标准的要求，食醋产品标签上应标明总酸度。一般来说，食醋的总酸度应不低于 3.5 g/100 mL。

说一说

☆ 生活中应如何正确选择食醋？

☆ 食醋在生活中有哪些用途？

☆ 如何测定食醋总酸度？

学习资料

一、有效数字及其修约、运算规则

在分析工作中，为了得到准确的测量结果，不仅要准确地测定各种数据，还必须正确地记录和计算。分析结果的数值不但表示试样中被测组分含量的多少，同时也反映了测定结果的准确程度，因此，数据记录和计算是十分重要的。

（一）有效数字

1. 有效数字的意义

有效数字是指分析工作中所能得到的有实际意义的数字，例如，滴定时从滴定管上读取的消耗标准溶液的体积，称量时从天平上读取的物质的质量数值都是有效数字。有效数字只有最后一位是不确定的，前面所有位数的数字都是准确的。有效数字不仅能表示数量的大小，也能反映测量的精确程度。因此，有效数字应保留一定的位数，不应该随意增加或减少有效数字的位数。例如，用不同精度的天平称量同一物质会得到不同的实验结果，如表 10-1 所示。

表 10-1　不同精度的天平称量同一物质显示不同的结果

实验结果/g	有效数字位数	天平的精度
0.51806	五位	十万分之一
0.5181	四位	万分之一
0.52	二位	百分之一

有效数字应保留的位数，取决于所用的分析方法与分析仪器的准确度。用感量为万分之一的分析天平称量，可保留小数点后四位，因为分析天平的读数精度为 0.1 mg，即在小数点后第四位有±0.1 mg 的绝对误差，前面所有位数的数字都是准确的。如称量得到数据 2.4586 g，其中的 2.458 g 是准确的，后面的 0.0006 g 是可疑的；用常量滴定管滴定时，消耗的标准溶液的体积是 25.48 mL，其中的 25.4 mL 是准确的，0.08 mL 是可疑的，

可能为(25.48±0.01) mL。另外,我们也可以根据有效数字来正确选择合适的仪器。如量取 25 mL 水,则选择对应量程的量筒即可;若量取 25.00 mL 水,则需要选取移液管、滴定管等精确量器。

2. 有效数字的位数

有效数字的位数从第一个不是"0"的数字开始算起,有几位就是几位有效数字。

下列是一组数据的有效数字位数:

0.60	1.0	二位有效数字
0.505	1.02	三位有效数字
20.63%	1.006	四位有效数字
3500	100	有效数字位数不确定

在有效数字中,数字"0"有不同的意义,一是定位作用,二是作为有效数字。当"0"在具体数值前面时,它不是有效数字,只起到定位的作用,如 0.0458 g,可以写成 45.8 mg,有效数字都是三位;"0"在中间时,是有效数字,如 0.4508 g,有效数字是四位;"0"在数值后面,也是有效数字,如 2540 是四位有效数字。注意:

(1) 对于较大和较小的数据,常用 10 的次方表示。

例:1000 mL,若有三位有效数字,可写成 1.00×10^{3} mL。

(2) 改变单位,不改变有效数字的位数。

例:24.01 mL 和 24.01×10^{-3} L 的有效数字都是四位。

(3) 结果首位为 8 和 9 时,有效数字可以多计一位。

例:90.0% ,可视为四位有效数字。

(4) pH、pK 或 lg$c$ 等对数值,其有效数字的位数取决于小数部分(尾数)数字的位数,整数部分只代表该数的次方。

例:pH=11.25 ⟶ $[H^{+}]=6.3\times10^{-12}$ mol/L　　二位有效数字

(5) 分数或比例系数(非测量数字)等不记位数。

例:从 250 mL 容量瓶中移取 25 mL 溶液,即取容量瓶容积总数的 1/10,不能将 25/250视为二位或三位有效数字,应按计算中其他数据的有效数字位数对待。

(二) 有效数字修约规则

对分析数据进行处理时,应根据测量准确度及运算规则,合理保留有效数字的位数,弃去不必要的多余数字。目前多采用"四舍六入五留双"的规则进行修约。

此规则是:被修约的那个数小于或等于 4 时,舍去该数字;被修约的那个数大于或等于 6 时,则进位;被修约的数字是 5 时,若 5 后面有数就进位,若无数或为零,则看 5 的前一位,为奇数就进位,偶数则舍去。

修约数字时,只能将原数据一次修约到所需要的位数,不能逐级修约。例如,将 18.4546 修约为四位有效数字时,应得 18.45;若将该数值先修约成 18.455,再修约为 18.46 是不对的。

写一写

请将下列数据修约为四位有效数字:

(1) 5.6423 被修约的数字是____,舍去□/进位□,结果为__________;

(2) 5.7386 被修约的数字是____,舍去□/进位□,结果为__________;

(3) 7.7375 被修约的数字是 5,5 后无数□/有数□,5 前是奇数□/偶数□,舍去□/进位□,结果为________;

(4) 7.7365 被修约的数字是 5,5 后无数□/有数□,5 前是奇数□/偶数□,舍去□/进位□,结果为________;

(5) 8.63452 被修约的数字是 5,5 后无数□/有数□,5 前是奇数□/偶数□,舍去□/进位□,结果为________。

简言之,"四舍六入五留双"可用以下方法加以记忆:4 要舍,6 要入,5 后有数进一位,5 后无数看单双,单数在前进一位,偶数在前全舍光,数字修约要记牢,分次修约不可以。

例:将下列数值修约为四位有效数字。

修约前	修约后	对应的修约规则要点
9.1285	________	______________________________
6.1635	________	______________________________
8.1039	________	______________________________
4.1856	________	______________________________
8.1352	________	______________________________
5.7350	________	______________________________

(三) 有效数字运算规则

1. 加减运算

当几个数据相加或相减时,它们的和或差的有效数字的位数的保留,应以小数点后位数最少(即绝对误差最大)的数为依据。

例:计算 $0.0121+25.64+1.05782$。

小数点后位数最少的数是 25.64,25.64 是保留到小数点后两位,以此为据,把式中的各数修约为小数点后两位,分别为 0.01、25.64、1.06,则 $0.01+25.64+1.06=26.71$ 即为结果。

2. 乘除运算

当几个数据相乘或除时,积或商的有效数字的位数的保留,应以有效数字位数最少(即相对误差最大)的数为依据。

例:计算 $0.0243\times7.105\times70.06\div164.2$。

有效数字位数最少的数是 0.0243,共有三位有效数字,以此为据,把式中的各数修约为三位有效数字,分别为:0.0243、7.10、70.1、164,则 $0.0243\times7.10\times70.1\div164=0.0737$ 即为结果。

写一写

(1) 计算 $0.365+28.56-0.036$。

因为 0.365、28.56、0.036 三个数中,小数点后位数最少的是________,以此为据,把

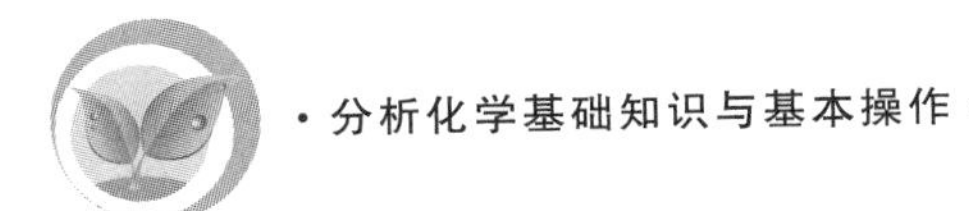

0.365、28.56、0.036 都修约为小数点后______位，分别为________、________、________，则 0.365＋28.56－0.036 可以写成______＋______－______＝______即为结果。

（2）计算 25.36×7.105÷0.265。

因为 25.36、7.105、0.265 三个数中，有效数字位数最少的是________，以此为据，把 25.36、7.105、0.265 都修约成______位有效数字，分别为________、________、________，则 25.36×7.105÷0.265 可以写成______×______÷______＝______即为结果。

在计算和取舍有效数字的位数时，还要注意以下几点：

（1）若数据的第一位数字大于或等于 8，可多算 1 位。例如 9.25，可视为四位有效数字。

（2）在分析化学计算中，经常会遇到一些倍数、分数，此时计算结果的有效位数由其他测量数据决定。

（3）在计算过程中，为了提高计算结果的可靠性，可以暂时多保留一位有效数字，得到最后结果时，再根据数据的修约规则，弃去多余的数字。

（4）在分析化学的各种化学平衡计算中，一般保留两位或三位有效数字。对于各种误差的计算，一般保留一位有效数字，最多取两位。

（5）定量分析的结果，对于溶液的准确浓度，用四位有效数字表示。对于高含量组分（不小于 10%），要求分析结果为四位有效数字；对于中含量组分（1%～10%），要求为三位有效数字；微量组分（小于 1%）时，一般要求为两位有效数字。

（6）以误差表示分析结果的准确度时，一般保留一位有效数字，最多取二位。

用计算器连续运算得出的结果，应一次修约成所需位数。

二、滴定分析的计算

（一）滴定分析的计算基础——等物质的量反应规则

等物质的量反应规则是滴定分析计算中一种比较简便的计算方法，本法的关键是确定反应物质的基本单元。

在滴定分析中，滴定剂 A 与被滴定组分 B 之间的反应是按化学计量关系进行的。

$$aA+bB\longrightarrow cC+dD$$

在确定该反应中 A 与 B 的反应基本单元分别为$\frac{1}{b}$A、$\frac{1}{a}$B 后，可以根据被滴定组分的物质的量 $n\left(\frac{1}{b}A\right)$与滴定剂的物质的量 $n\left(\frac{1}{a}B\right)$相等的原则进行计算。

$$n\left(\frac{1}{b}A\right)=n\left(\frac{1}{a}B\right)$$

例如，在酸性溶液中，用草酸（$H_2C_2O_4$）作为基准物质，标定高锰酸钾（$KMnO_4$）溶液的浓度，其反应式为：

$$2MnO_4^- +5C_2O_4^{2-} +16H^+ \longrightarrow 2Mn^{2+} +10CO_2 +8H_2O$$

$KMnO_4$ 反应的基本单元是$\frac{1}{5}KMnO_4$；$H_2C_2O_4$ 反应的基本单元是$\frac{1}{2}H_2C_2O_4$。

在化学计量点时，根据等物质的量反应规则可以得出如下等式后进行有关计算。

$$n\left(\frac{1}{5}KMnO_4\right)=n\left(\frac{1}{2}H_2C_2O_4\right)$$

在置换滴定法和间接滴定法中，涉及两个以上的反应时，也是用待测组分的物质的量与滴定剂的物质的量相等的关系进行有关计算。

（二）滴定分析的有关计算

滴定分析是将已知准确浓度的标准溶液滴加到被测物质的溶液中，直至所加溶液物质的量按化学计量关系恰好反应完全，然后根据所加标准溶液的浓度和所消耗的体积，计算出被测物质含量的分析方法。

滴定分析中的被测物质一般都是以溶液的形式存在，有关被测物质含量的计算即是计算溶液中参与反应的溶质的质量，常用质量分数（%）、质量浓度（g/L 或 mg/L）、物质的量浓度（mol/L）等来表示。

1. 被测物质含量的计算

按滴定分析方式不同，被测物质含量的计算可以分为直接滴定法、返滴定法、置换滴定法等。以下逐一举例说明。

（1）直接滴定法。

当被测物质是固体时，一般用质量分数（ω）来表示被测物质的含量，单位为%。

$$\omega_B=\frac{c_AV_A\times M_B\times10^{-3}}{m_s}\times100\%$$

式中：m_s——试样的质量，g；

c_A——标准滴定溶液的浓度，mol/L；

V_A——标准滴定溶液的体积，mL；

M_B——被测物质的摩尔质量，g/mol。

【例 10-1】碳酸钠试样 1.525 g，于 250 mL 容量瓶中稀释至标线处，摇匀。移取 25.00 mL，用浓度为 0.1044 mol/L 的 HCl 标准溶液滴定，消耗 25.43 mL 达化学计量点。求试样中 Na_2CO_3 的含量。

【解】滴定反应为

$$Na_2CO_3+2HCl\longrightarrow 2NaCl+H_2O+CO_2\uparrow$$

Na_2CO_3 的反应基本单元为 $\frac{1}{2}Na_2CO_3$，$M\left(\frac{1}{2}Na_2CO_3\right)=53.00$ g/mol。

代入公式：

$$\begin{aligned}\omega_{Na_2CO_3}&=\frac{c_{HCl}V_{HCl}\times M\left(\frac{1}{2}Na_2CO_3\right)\times10^{-3}}{m_s}\times100\%\\&=\frac{0.1044\times25.43\times53.00\times10^{-3}}{1.525\times\frac{25}{250}}\times100\%\\&=92.27\%\end{aligned}$$

当被测物质是液体时，一般用质量浓度(ρ)来表示被测物质的含量，单位为 g/L 或 mg/L：

$$\rho_B(g/L)=\frac{c_A V_A \times M_B}{V_s}$$

$$\rho_B(mg/L)=\frac{c_A V_A \times M_B}{V_s}\times 1000$$

式中：c_A——标准滴定溶液的浓度，mol/L；

V_A——标准滴定溶液的体积，mL；

V_s——待测试样的体积，mL；

M_B——被测物质的摩尔质量，g/mol。

【例 10-2】移取硫酸试样 25.00 mL 于 250 mL 容量瓶中稀释至标线处，摇匀。移取 25.00 mL，用浓度为 0.1044 mol/L 的 NaOH 标准溶液滴定，消耗 25.43 mL 达化学计量点。求试样中 H_2SO_4 的含量。

【解】滴定反应为

$$H_2SO_4+2NaOH \longrightarrow Na_2SO_4+2H_2O$$

H_2SO_4 的反应基本单元为$\frac{1}{2}H_2SO_4$，$M\left(\frac{1}{2}H_2SO_4\right)=49.04$ g/mol，代入公式：

$$\rho_{H_2SO_4}=\frac{c_{NaOH}V_{NaOH}\times M\left(\frac{1}{2}H_2SO_4\right)}{V_s}$$

$$=\frac{0.1044\times 25.43\times 49.04}{25.00\times\frac{25}{250}}\ g/L$$

$$=52.08\ g/L$$

(2) 返滴定法。

在返滴定法中，被测物质先与一定量过量的滴定剂反应，然后用另一标准溶液滴定剩余的滴定剂，从而进一步求得被测物质的质量分数。一般用质量分数(ω)来表示被测物质的含量，单位为%：

$$\omega_B=\frac{(c_{A1}V_{A1}-c_{A2}V_{A2})\times M_B\times 10^{-3}}{m_s}\times 100\%$$

式中：m_s——试样的质量，g；

c_{A1}，V_{A1}——先加入的过量的标准滴定溶液的浓度(mol/L)、体积(mL)；

c_{A2}，V_{A2}——返滴定所用标准滴定溶液的浓度(mol/L)、体积(mL)。

【例 10-3】称 $CaCO_3$ 试样 0.1800 g，加入 50.00 mL 浓度为 0.1020 mol/L 的 HCl 溶液，反应完全后，用浓度为 0.1002 mol/L 的 NaOH 溶液滴定剩余的 HCl，消耗 18.10 mL。$CaCO_3$ 的含量是多少？若以 CaO 计，含量为多少？

【解】试样反应式及滴定反应为

$$CaCO_3+2HCl \longrightarrow CaCl_2+H_2O+CO_2\uparrow$$

$$HCl+NaOH \longrightarrow NaCl+H_2O$$

$CaCO_3$ 的反应基本单元为$\frac{1}{2}CaCO_3$，$M\left(\frac{1}{2}CaCO_3\right)=50.05\ g/mol$，

$$n\left(\frac{1}{2}CaCO_3\right)=c(HCl)V(HCl)-c(NaOH)V(NaOH)$$

代入公式：

$$\omega\left(\frac{1}{2}CaCO_3\right)=\frac{(c(HCl)V(HCl)-c(NaOH)V(NaOH))\times M\left(\frac{1}{2}CaCO_3\right)\times 10^{-3}}{m_s}\times 100\%$$

$$=\frac{(0.1020\times 50.00-0.1002\times 18.10)\times 50.05\times 10^{-3}}{0.1800}\times 100\%$$

$$=91.38\%$$

若以 CaO 计，$M\left(\frac{1}{2}CaO\right)=28.04\ g/mol$，其含量为

$$\omega(CaO)=91.38\%\times\frac{28.04}{50.04}=51.20\%$$

（3）置换滴定法。

当被测物质不能和滴定剂直接反应或伴有副反应或不按一定的化学计量关系反应时，就可以使用置换滴定法。可先用适当的试剂与被测物质发生反应，定量置换出另一种物质，再用滴定剂滴定置换出来的物质，最后测得被测物质的质量分数。一般用质量分数（ω）来表示被测物质的含量，单位为%：

$$\omega_B=\frac{c_A V_A\times M_B\times 10^{-3}}{m_s}\times 100\%$$

式中：c_A——标准滴定溶液的浓度，mol/L；

V_A——标准滴定溶液的体积，mL；

M_B——被测物质的摩尔质量，g/mol；

m_s——试样的质量，g。

【例 10-4】含铝试样 0.2160 g，溶解后加入 0.02000 mol/L 的 EDTA 溶液 30.00 mL，在 pH=3.5 条件下加热煮沸，使 Al^{3+} 与 EDTA 反应完全。冷却后调 pH=5～6，用 0.02400 mol/L的标准锌溶液滴定过量的 EDTA，消耗体积 V_1 为 4.86 mL，再加入 NaF 并加热煮沸，冷却以后用标准锌溶液滴定至终点，消耗体积 V_2 为 20.15 mL。计算试样中 Al_2O_3 的含量，$M\left(\frac{1}{2}Al_2O_3\right)=50.98\ g/mol$。

【解】EDTA 与金属离子反应的系数比为 1∶1，所以可以得出如下关系式

$$EDTA\sim Al^{3+}\sim\frac{1}{2}Al_2O_3\sim Zn^{2+}=1:1:1:1$$

解法一：按置换滴定计算。

$$\omega(Al_2O_3)=\frac{c_{Zn}V_2\times M\left(\frac{1}{2}Al_2O_3\right)\times 10^{-3}}{m_s}\times 100\%$$

$$=\frac{0.02400\times20.15\times50.98\times10^{-3}}{0.2160}\times100\%$$

$$=11.41\%$$

解法二：按返滴定计算。

$$\omega(Al_2O_3)=\frac{(c_{EDTA}V_{EDTA}-c_{Zn}V_1)\times M\left(\frac{1}{2}Al_2O_3\right)\times10^{-3}}{m_s}\times100\%$$

$$=\frac{(0.02000\times30.00-0.02400\times4.86)\times50.98\times10^{-3}}{0.2160}\times100\%$$

$$=11.41\%$$

由此可见，用两种方法测定都可以。一般来说，组分干扰少时，用返滴定法简单；如果组分复杂，干扰离子多，用置换滴定法准确度高些，但步骤多些。

2. 标准滴定溶液的相关计算

滴定分析中，标准滴定溶液是指已知准确浓度的试剂溶液，又因为在滴定时，常将标准滴定溶液装在滴定管中而名滴定剂。

标准滴定溶液的配制方法有两种：直接配制法和间接配制法。

直接配制法是在天平上准确称取一定量已干燥的基准物质，溶于水后转入已校正的容量瓶中，用水稀释，摇匀。根据称取基准物质的准确质量和配制成的溶液的体积，即可计算出该标准滴定溶液的准确浓度。

间接配制法（或称标定法）：有很多物质不能直接用于配制标准滴定溶液，这时可先配制成一种近似于所需浓度的溶液，然后用基准物质（或已经用基准物质标定过的标准滴定溶液）来标定它的准确浓度。标定的方法有直接标定法和间接标定法两种，间接标定法的系统误差比直接标定法要大些。

（1）标准滴定溶液浓度的计算。

① 直接配制法。

准确称取一定量的已干燥的基准物质，溶解后，转入容量瓶中，用水稀释至标线，摇匀。由公式计算所配制的标准溶液的浓度。

$$c=\frac{m_{基}\times1000}{M_{基}\times V_{配}}$$

式中：$m_{基}$——基准物质的质量，g；

$M_{基}$——基准物质的摩尔质量，g/mol；

$V_{配}$——配制溶液的体积，mL。

【例 10-5】 欲配制 0.02 mol/L 的 $K_2Cr_2O_7$ 溶液 2000 mL，准确称取 11.7849 g 的 $K_2Cr_2O_7$ 基准物质，溶解后，转移至 2000 mL 的容量瓶中，摇匀。请计算配制的 $K_2Cr_2O_7$ 标准滴定溶液的浓度（已知 $K_2Cr_2O_7$ 的摩尔质量为 294.18 g/mol）。

【解】 将 $m=11.7849$ g、$M=294.18$ g/mol、$V=2000$ mL 代入以下公式

$$c=\frac{m_{基}\times1000}{M_{基}\times V_{配}}$$

$$=\frac{11.7849\times1000}{294.18\times2000}\ \text{mol/L}$$
$$=0.02003\ \text{mol/L}$$

② 间接配制法。

a. 直接标定法。

称取一定量的基准物质，溶解后用待标定的溶液进行滴定。然后根据基准物质的质量与消耗标准滴定溶液的体积，即可计算出待标定溶液的准确浓度。

$$c=\frac{m_{基}\times1000}{M_{基}\times V_{滴}}$$

式中：$m_{基}$——基准物质的质量，g；

$V_{滴}$——滴定消耗的体积，mL；

$M_{基}$——基准物质的摩尔质量，g/mol。

【例 10-6】 称取 0.1580 g Na_2CO_3 基准物质，用于标定 HCl 标准滴定溶液的浓度，消耗 HCl 溶液 24.80 mL，计算此 HCl 标准滴定溶液的浓度。

【解】 反应方程式如下：

$$Na_2CO_3+2HCl \longrightarrow 2NaCl+H_2O+CO_2\uparrow$$

Na_2CO_3 的反应基本单元为 $\frac{1}{2}Na_2CO_3$，$M\left(\frac{1}{2}Na_2CO_3\right)=53.00$ g/mol，代入公式得：

$$c=\frac{m_{基}\times1000}{M_{基}\times V_{滴}}$$
$$=\frac{0.1580\times1000}{53.00\times24.80}\ \text{mol/L}$$
$$=0.1202\ \text{mol/L}$$

b. 间接标定法。

用已知浓度的标准滴定溶液与被标定溶液互相滴定。根据两种溶液所消耗的体积及标准滴定溶液的浓度，可计算出待标定溶液的准确浓度，该方法也称为互标法或比较法。

$$c_1V_1=c_2V_2$$
$$c_2=\frac{c_1\times V_1}{V_2}$$

式中：c_1——已知浓度的标准滴定溶液的物质的量浓度，mol/L；

V_1——已知浓度的标准滴定溶液的体积，mL；

c_2——待标定溶液的物质的量浓度，mol/L；

V_2——待标定溶液的体积，mL。

【例 10-7】 标定 25.00 mL 未知浓度的 NaOH 溶液，消耗 0.1004 mol/L 的 HCl 标准滴定溶液 25.88 mL，计算此 NaOH 溶液的浓度。

【解】 滴定反应为

$$NaOH+HCl \longrightarrow NaCl+H_2O$$

$$c_{NaOH}=\frac{c_{HCl}\times V_{HCl}}{V_{NaOH}}$$

$$=\frac{0.1004\times25.88}{25.00}\ \text{mol/L}$$

$$=0.1039\ \text{mol/L}$$

注意:互标法的准确度较直接配制法低。

常用的标准滴定溶液的配制和标定应按国家标准进行。

(2)标准溶液消耗体积的估算。

$$cV=\frac{m_{基}\times1000}{M_{基}}$$

$$V=\frac{m_{基}\times1000}{M_{基}\times c}$$

式中:c——已知浓度的标准滴定溶液的物质的量浓度,mol/L;

V——已知浓度的标准滴定溶液的体积,mL;

$m_{基}$——基准物质的质量,g;

$M_{基}$——基准物质的摩尔质量,g/mol。

【例 10-8】标定氢氧化钠(NaOH)溶液的浓度,称取草酸($H_2C_2O_4\cdot2H_2O$)基准物质 0.2048 g,用 0.1 mol/L NaOH 滴定至终点时,试计算大约消耗 NaOH 溶液的体积。

【解】滴定反应为

$$H_2C_2O_4\cdot2H_2O+2NaOH\longrightarrow Na_2C_2O_4+4H_2O$$

反应基本单元为 NaOH 、$\frac{1}{2}H_2C_2O_4\cdot2H_2O$,$M\left(\frac{1}{2}H_2C_2O_4\cdot2H_2O\right)=63.04$ g/mol。

由等物质的量反应规则可得,$n(NaOH)=n\left(\frac{1}{2}H_2C_2O_4\cdot2H_2O\right)$,左右两边等式变换得

$$c_{NaOH}V_{NaOH}=\frac{m(H_2C_2O_4\cdot2H_2O)\times1000}{M\left(\frac{1}{2}H_2C_2O_4\cdot2H_2O\right)}$$

故

$$V_{NaOH}=\frac{m(H_2C_2O_4\cdot2H_2O)\times1000}{M\left(\frac{1}{2}H_2C_2O_4\cdot2H_2O\right)\times c_{NaOH}}$$

$$=\frac{0.2048\times1000}{63.04\times0.1}\ \text{mL}$$

$$=32.49\ \text{mL}$$

(3) 样品称量质量的估算。

根据称量的待测试样(固体)的物质的量与滴定剂(液体)的物质的量相等,可得如下公式

$$\frac{m\times1000}{M}=cV$$

$$m=\frac{M\times c\times V}{1000}$$

式中：m——待测试样称量的质量，g；

M——待测试样称量的摩尔质量，g/mol；

c——已知大概浓度的滴定剂的物质的量浓度，mol/L；

V——消耗的已知大概浓度的滴定剂的体积，mL。

【例 10-9】 标定 $c(NaOH)$ 为 0.10 mol/L 的 NaOH 溶液时，若消耗该溶液 30 mL，应称取基准物质邻苯二甲酸氢钾（$KHC_8H_4O_4$）多少克？若用草酸（$H_2C_2O_4 \cdot 2H_2O$）作基准物质，应称取多少克？

【解】 邻苯二甲酸氢钾与 NaOH 的反应式如下：

$$C_6H_4(COOH)(COOK) + NaOH \longrightarrow C_6H_4(COONa)(COOK) + H_2O$$

$$M(KHC_8H_4O_4)=204.22\ g/mol$$

$$c(NaOH)V(NaOH)=\frac{m(KHC_8H_4O_4)}{M(KHC_8H_4O_4)}\times 1000$$

$$m(KHC_8H_4O_4)=\frac{M(KHC_8H_4O_4)\times c(NaOH)\times V(NaOH)}{1000}$$

$$=\frac{204.22\times 0.10\times 30}{1000}\ g$$

$$=0.61\ g$$

草酸与 NaOH 的反应式如下：

$$H_2C_2O_4 \cdot 2H_2O+2NaOH \longrightarrow Na_2C_2O_4+4H_2O$$

反应基本单元为 NaOH 、$\frac{1}{2}$ $H_2C_2O_4 \cdot 2H_2O$，$M\left(\frac{1}{2}H_2C_2O_4 \cdot 2H_2O\right)=$ 63.04 g/mol。

$$m=\frac{M\times c\times V}{1000}$$

$$=\frac{63.04\times 0.10\times 30}{1000}\ g$$

$$=0.19\ g$$

3. 滴定度在滴定分析中的应用

滴定度是溶液浓度的一种表示方法，它是指 1 mL 标准滴定溶液相当于待测物质的质量。滴定度有两种表示方法，具体介绍如下。

(1) T_s：每毫升标准溶液中所含滴定剂（溶质）的质量(g)，单位是 g/mL。

例如：$T_{HCl}=0.001012$ g/mL 的 HCl 溶液，表示每毫升此溶液含有 0.001012 g 纯 HCl。

(2) $T_{s/x}$：每毫升标准溶液所相当于被测物质的质量(g)。s 代表滴定剂（标准滴定溶液）的化学式。x 代表被测物的化学式。

例如：$T_{HCl/Na_2CO_3}=0.005316$ g/mL 的 HCl 溶液，表示每毫升此 HCl 溶液相当于

0.005316 g Na_2CO_3。这种滴定度表示法对分析结果计算十分方便。

(3) 滴定度的计算公式：

$$T_{B/A}=m_A/V_B$$

式中：m_A——被测物质 A 的质量，g；

V_B——滴定相应 m_A 质量的 A 所用的标准溶液 B 的体积，mL。

(4) 物质的量浓度与滴定度之间的换算：

$$c_B=(b/a)\times T\times 1000/M_A$$

式中：a，b——反应方程式中 A 和 B 的计量系数；

M_A——A 的摩尔质量。

由上式可得，$T=c_B\times M_A\times(a/b)/1000$，此式单位是 g/mL，若单位为 mg/mL，则不用除以 1000。

例如，用 $T_{EDTA/CaO}=0.5$ mg/mL 的 EDTA 标准滴定溶液滴定含钙离子的待测溶液，消耗了 5 mL，则待测溶液中共有 CaO 2.5 mg。

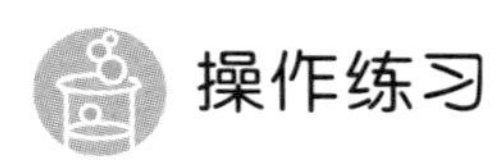

操作练习

活动 1 食醋总酸度的测定

实验原理

食醋的主要成分是乙酸，此外还含有少量其他弱酸(如乳酸等)。用 NaOH 标准溶液滴定，在化学计量点(pH=8.7)时溶液呈弱碱性，选用酚酞作指示剂，测得的是总酸度，以乙酸的质量浓度(g/L)来表示。滴定反应为

$$NaOH+HAc\longrightarrow NaAc+H_2O$$

主要任务

◇ 配制食醋试样。

◇ 测定食醋的总酸度。

◇ 正确记录实验数据。

◇ 自我评价操作规范性。

实验操作指导书

1. 滴定分析仪器的准备与清洗

准备 25 mL 移液管、250 mL 容量瓶、50 mL 聚四氟乙烯塞滴定管、烧杯等玻璃仪器并清洗干净，使其内壁不挂水珠。

2. 领取实验试剂

领取预先配制好的 0.1 mol/L NaOH 标准溶液及 10 g/L 酚酞指示剂。

3. 配制食醋试样

用移液管吸取 25.00 mL 食醋试样，放入 250 mL 容量瓶中，用新煮沸并冷却的蒸馏水稀释至刻度，摇匀。

4. 测定食醋的总酸度

用移液管量取 25.00 mL 稀释后的食醋试样于 250 mL 锥形瓶中，加入 25 mL 新煮沸

并冷却的蒸馏水，加酚酞指示剂 2～3 滴，用浓度为 0.1 mol/L 的 NaOH 标准溶液滴定至溶液呈微红色，并保持 30 s 不褪色即为终点，记录消耗的 NaOH 溶液的体积 V，同时做空白试验，记录消耗的体积 V_0。平行测定 3 次。

5. 正确填写实验记录

及时将实验数据填写至数据记录表(表 10-2)，正确保留有效数字的位数。

表 10-2　NaOH 标准溶液测定食醋的总酸度

检验时间：＿＿＿＿＿＿　　温度：＿＿＿＿＿＿　　指示剂：＿＿＿＿＿＿

项目	测定次数		
	1	2	3
移取食醋试样的体积/mL			
滴定消耗 NaOH 标准溶液的初读数/mL			
滴定消耗 NaOH 标准溶液的终读数/mL			
实际滴定消耗 NaOH 标准溶液的体积 V/mL			
空白试验消耗 NaOH 标准溶液的体积 V_0/mL			
NaOH 标准溶液的浓度 c/(mol/L)			
食醋中 HAc 的含量/(g/L)			
食醋中 HAc 含量的平均值/(g/L)			
极差 R/(g/L)			

检验员：＿＿＿＿＿＿　　　　复核员：＿＿＿＿＿＿

6. 自我评价操作规范性

表 10-3 所示为操作规范性评价表。

表 10-3　操作规范性评价表

序号	评价项目	评价标准	
1	正确穿戴工作服、口罩、护目镜等防护用具	□是	□否
2	仪器分类摆放有序，实验台面干净整洁	□是	□否
3	烧杯、移液管、容量瓶、锥形瓶用纯水洗净、备用	□是	□否
4	取食醋样的烧杯用待测食醋样润洗 3 次	□是	□否
5	移液管用待测食醋样润洗 3 次，且操作规范	□是	□否
6	移液管吸液时没有吸空，不重吸	□是	□否
7	调液面前用滤纸擦拭移液管尖	□是	□否
8	调液面时，用干净小烧杯做承接容器，移液管保持垂直，管尖紧靠小烧杯内壁	□是	□否

续表

序号	评价项目	评价标准	
9	调液面时，移液管中的溶液缓慢下降，液面与移液管标线正好相切，且移液管管尖无气泡	□是	□否
10	转移至容量瓶时，放出移液管中的溶液后，停靠 15 s 左右	□是	□否
11	往容量瓶中加蒸馏水至 1/4 处时，平摇；加水至容量瓶标线下 1～2 cm 处，等待 1 min 后，用胶头滴管定容至标线，摇匀备用	□是	□否
12	用稀释后的食醋试样润洗洁净的烧杯和移液管 3 次	□是	□否
13	吸取稀释后的食醋试样，用滤纸擦净移液管外壁	□是	□否
14	用干净的小烧杯做承接容器，移液管保持垂直，管尖紧靠小烧杯内壁，调节液面与环线相切	□是	□否
15	放液时，锥形瓶成 45°角倾斜，移液管保持垂直，管尖紧靠锥形瓶内壁，放出移液管中的溶液后，停靠 15 s 左右，管尖残留液量不变	□是	□否
16	用量筒量取 25 mL 蒸馏水加入锥形瓶	□是	□否
17	正确滴加酚酞指示剂，无手抖现象	□是	□否
18	滴定管用 NaOH 标准溶液润洗 3 次，润洗液用量合理	□是	□否
19	润洗滴定管方法正确，润洗液从滴定管管尖排出	□是	□否
20	滴定管不漏液、管尖没有气泡	□是	□否
21	滴定管调零操作正确，凹液面最低点刻度线与零刻度线相切	□是	□否
22	滴定前，用锥形瓶外壁靠一下滴定管管尖	□是	□否
23	滴定过程中，滴定速度控制得当，未呈直线	□是	□否
24	滴定终点判断正确（微红色）	□是	□否
25	滴定结束后停留 30 s 再读数，且读数正确	□是	□否
26	滴定过程中，标准溶液未滴出锥形瓶外，锥形瓶内溶液未洒出	□是	□否
27	按要求进行空白试验	□是	□否
28	实验数据及时记录到数据记录表中	□是	□否
29	正确处理实验过程中的酸、碱废液，不随意乱倒入下水道	□是	□否
30	实验结束后，及时洗净玻璃仪器，分类摆放好，保持实验台面干净整洁	□是	□否
配分 60 分，一个否定项扣 2 分		得分：	
评价人（签名）：		教师（签名）：	

活动 2　实验数据的处理

实验目的

实验数据的处理是分析化学实验的重要环节，本活动以食醋总酸度的测定实验数据的处理为例，旨在强化学生及时正确填写实验数据、规范修改实验记录的意识，提高学生正确处理实验结果的能力。

主要任务

◇ 正确处理实验数据。

◇ 正确保留计算结果的有效位数。

◇ 自我评价食醋总酸度测定实验完成的情况。

实验操作指导书

1. 数据处理

食醋总酸度以乙酸(CH_3COOH)计,单位为 g/L,按下式计算

$$X=\frac{c\times(V-V_0)\times M}{V_{样}\times\frac{25}{250}}$$

式中:X——试样中总酸的含量(以乙酸计),g/L;

c——氢氧化钠标准滴定溶液的浓度,mol/L;

V——滴定消耗氢氧化钠标准溶液的体积,mL;

V_0——空白试验消耗氢氧化钠标准滴定溶液的体积,mL;

M——乙酸的摩尔质量,60.05 g/mol;

$V_{样}$——移取待测试样的体积,mL。

取平行测定值的平均值为测定结果,保留三位有效数字。

相对极差(R)=(最大值−最小值)/平均值×100%

2. 结果评价(表 10-4)

表 10-4 NaOH 标准滴定溶液测定食醋总酸度实验结果自评表

序号	评价项目	配分	评价标准
1	实验数据记录	10	□无涂改,得 10 分; □规范修改,得 6 分; □不规范涂改,得 0 分
2	有效数字保留	15	□全正确,得 15 分; □有错误,每处扣 2 分,扣完为止
3	总酸度计算	10	□全正确,得 10 分; □有错误,每次扣 3 分,扣完为止
4	相对极差计算	5	□正确,得 5 分; □错误,得 0 分
总分:40 分		得分:	
评价人(签名):		教师(签名):	

想一想

☆ 为什么移液管移取的溶液体积是 25.00 mL,而量筒量取的蒸馏水的体积是

25 mL?

☆ 食醋总酸度的测定结果要保留三位有效数字，是不是要保留到小数点后三位？这两者有什么不同之处？

目标检测

一、单项选择题

1. 滴定时，消耗某液体的体积为 20.00 mL，其有效数字位数为（　　）。

A. 一位　　B. 两位　　C. 三位　　D. 四位

2. 下列各数中，有效数字位数为四位的是（　　）。

A. $[H^+]=0.0003$ mol/L　　B. pH＝12.36

C. $c(HCl)=0.1002$ mol/L　　D. 5000 mg/L

3. 在 $KMnO_4$ 与 $Na_2C_2O_4$ 的反应中，$KMnO_4$ 的反应基本单元是（　　）。

A. $KMnO_4$　　B. $\frac{1}{2}KMnO_4$　　C. $\frac{1}{3}KMnO_4$　　D. $\frac{1}{5}KMnO_4$

4. 在 $H_3PO_4+3NaOH = Na_3PO_4+3H_2O$ 反应中，磷酸的反应基本单元是（　　）。

A. H_3PO_4　　B. $\frac{1}{2}H_3PO_4$　　C. $\frac{1}{3}H_3PO_4$　　D. $\frac{1}{5}H_3PO_4$

5. 用 25 mL 移液管移出的溶液体积应记为（　　）。

A. 25 mL　　B. 25.0 mL　　C. 25.00 mL　　D. 25.000 mL

6. 对有效数字进行乘除法运算时，以（　　）进行修约。

A. 小数点后位数最少的为准　　B. 小数点前位数最少的为准

C. 有效数字位数最少的为准　　D. 有效数字位数最多的为准

7.测定某铁矿石中硫的含量，称取试样 0.2865 g，下列分析结果合理的是（　　）。

A. 32%　　B. 32.5%　　C.32.56%　　D. 32.562%

8.分析工作中实际测量到的数字称为（　　）。

A. 精密数字　　B.有效数字　　C.可靠数字　　D.准确数字

二、判断题

1. pH＝10.26，有效数字的位数是 2 位。（　　）

2. 若某数据的第一位有效数字是 9，有效数字的位数可以多计一位。（　　）

3. 某次称量，分析天平显示数值为 0.5520 g，也可以将结果记录为 0.552 g。（　　）

4. 计算 $14.23\times5.06\times1.2354$ 时，可以先都修约成三位有效数字再计算，也可以先计算再保留三位有效数字。（　　）

5. 不允许将实验数据记录在单页纸上或纸片上。（　　）

6. 不小心将数据记错了，可以用涂改液将其涂抹，再重新记录。（　　）

三、计算题

1. 用浓度为 0.1005 mol/L 的盐酸标准滴定溶液滴定 20.00 mL NaOH，消耗盐酸的体积为 25.44 mL，求 NaOH 的物质的量浓度 c。

2. 氯化锌试样 0.2500 g，溶于水后控制溶液 pH＝6，以二甲酚橙为指示剂，用

0.1024 mol/L的 EDTA 溶液 17.90 mL 滴定至终点，计算 $ZnCl_2$ 的含量。

3. 测定硫酸盐中 SO_4^{2-} 含量，称取试样 3.000 g，溶解后用 250 mL 容量瓶稀释至标线处。吸取 25.00 mL 稀释后的试样于锥形瓶中，加入 0.05000 mol/L $BaCl_2$ 溶液 25.00 mL，过滤后用 0.05000 mol/L EDTA 溶液 17.15 mL 滴定剩余的 Ba^{2+}。计算试样中的 SO_4^{2-} 含量。

阅读材料

筑梦化学　科技报国

在合成化学领域，分子筛的生成过程一直被认为是“黑匣子”，其定向合成极具挑战性。中国科学院院士、吉林大学化学学院教授于吉红在这一领域潜心研究已有 30 余年，探寻解开“黑匣子”的密钥。

从 1989 年师从著名无机化学家徐如人院士攻读硕士研究生开始，于吉红就对分子筛产生了浓厚兴趣，并在留校任教后选择了功能材料的分子工程学这一极具挑战性的研究方向。但研究初期并非一帆风顺，当时有关分子筛的研究正处于低谷期，特别是一些热点材料的出现，使得许多人放弃了对分子筛这一传统材料的研究。不少人都劝于吉红改换热点方向，否则很难出成果，但她不为所动，在这个领域一直坚守，并不断创新。于吉红带领团队下苦功夫，历经多年在国际上率先创建了分子筛合成数据库。在此基础上，于吉红不断总结规律，在国际上较早地提出以理论模拟、数据挖掘和高通量实验相结合指导分子筛定向合成的策略，合成了数种新结构类型分子筛，实现了中国在分子筛新拓扑结构类型创制方面零的突破。2016 年，于吉红团队首次发现羟基自由基加速分子筛成核的晶化机制，为分子筛材料的高效及绿色合成开辟了新路径。

中国对分子筛材料的研究虽然较西方发达国家晚，但近年来，在政策环境、市场环境的推动下，国内分子筛材料产业发展迅猛。目前，中国已经成为世界上最大的分子筛生产国和需求国。

于吉红呼吁广大科技工作者，着力服务国家战略需求，潜心科研，为把中国建设成世界科技强国，为实现中华民族伟大复兴，不断做出新的更大贡献。

任务11　定量分析中的误差

任务目标

◆ **知识目标**

1. 理解准确度与误差、精密度与偏差的关系，能正确评价定量分析的结果；
2. 掌握定量分析中误差的来源，能正确区别系统误差和偶然误差；
3. 掌握定量分析中误差的特点，能选择恰当的方法减小误差。

◆ **能力目标**

1. 能正确进行混合碱总碱度的测定，强化分析操作的基本技能；
2. 能正确记录、处理实验数据，评价实验结果，分析误差产生的原因。

◆ **素养目标**

1. 培养学生善于总结、反思的能力；
2. 培养学生严谨细致的工作态度。

情景导入

师傅和徒弟谁更厉害

某企业新生产一批牛奶，师徒二人对牛奶中的钙含量（单位为 mg/100 mL）进行测定，结果分别如下：

师傅：125.2、125.1、125.2、125.2；

徒弟：126.0、125.6、125.2、125.8。

说一说

☆ 请问两人的测定结果哪个更为可靠？请说明理由。

☆ 根据师徒二人的测定结果，你认为应如何提高分析操作技能？

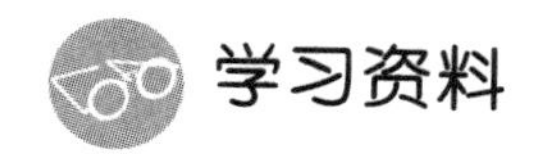

学习资料

一、定量分析的结果评价

定量分析的目的是准确测定试样中各组分的含量。定量分析对每个分析工作者的要求是“快、准、稳”地报出分析结果。在实际工作中，即使采用最可靠的方法、最精密的仪器，由最熟练的操作人员在相同条件下对同一试样进行多次测定，也不能得到完全一致的结果。例如，某分析人员对乙醇含量为50.25％的酒精试样进行测定的结果分别为50.20％、50.21％、50.18％、50.17％，平均值为50.19％。由此可见，分析结果与真实值之间的差值是客观存在的。

1. 准确度与误差

实际工作中，人们常将用标准方法通过多次重复测定所求出的算术平均值作为真实值。而准确度表示测定结果与真实值相接近的程度，以误差表示。测定结果与真实值的差值越小，测定结果的准确度越高。此差值称为绝对误差。

$$\text{绝对误差}(E)=\text{测得值}(x)-\text{真实值}(T)$$

绝对误差不能确切地反映测定值的准确度。例如，分析天平的称量误差为±0.001 g，称量两份实际质量为1.5131 g及0.1513 g的试样，得1.5130 g及0.1512 g，两者的绝对误差均为0.0001 g，但称量的准确度却不同。前者的绝对误差只占真实值的0.007％，后者则为0.07％。这种绝对误差在真实值中所占比率称为相对误差（以百分数或千分数表示）。

$$\text{相对误差}(E_r)=\frac{\text{绝对误差}(E)}{\text{真实值}(T)}\times 100\%$$

绝对误差和相对误差都有正负之分，正值表示测定的结果偏高，负值表示测定的结果偏低。

【例11-1】求表11-1中所列样品测定结果的绝对误差、相对误差。

表11-1　例11-1表

样品	测定值/g	真实值/g
A	2.1750	2.1751
B	0.2175	0.2176

【解】样品A：$E=x-T=(2.1750-2.1751)\ \text{g}=-0.0001\ \text{g}$

$$E_r=\frac{E}{T}\times 100\%=\frac{-0.0001}{2.1751}\times 100\%=-0.005\%$$

样品B：$E=x-T=(0.2175-0.2176)\ \text{g}=-0.0001\ \text{g}$

$$E_r=\frac{E}{T}\times 100\%=\frac{-0.0001}{0.2176}\times 100\%=-0.05\%$$

实际工作中，样品的真实值是无法确定的，在计算过程中一般采用多次测定的平均值近似为真实值。

2. 精密度与偏差

在分析工作中，一般要对试样进行多次平行测定，以得出测定结果的平均值。多次测定结果之间相互接近的程度称为精密度，以偏差表示。偏差越小，说明测定结果彼此之间相互接近程度越高，精密度越高。

(1) 绝对偏差和相对偏差。

个别测定值与几次测定结果的平均值之差称为绝对偏差，以 d 表示。

$$d_i = x_i - \bar{x}$$

式中：x_i——个别测定值；

$\bar{x}$——几个测定结果的平均值。

绝对偏差在平均值中所占的比率称为相对偏差。

$$\text{相对偏差}(R_{d_i}) = \frac{d_i}{\bar{x}} \times 100\%$$

绝对偏差和相对偏差都有正、负之分，它们都表示测定值与平均值之间的接近程度。

(2) 平均偏差和相对平均偏差。

多次测定结果的精密度，常用平均偏差表示。平均偏差是指各次偏差绝对值的算术平均值，是绝对平均偏差的简称。

$$\text{平均偏差}(\bar{d}) = \frac{|d_1| + |d_2| + |d_3| + \cdots + |d_n|}{n}$$

相对平均偏差是平均偏差在平均值中所占的比率。

$$\text{相对平均偏差}(R_{\bar{d}}) = \frac{\bar{d}}{\bar{x}} \times 100\%$$

平均偏差与相对平均偏差均无正、负之分。

【例 11-2】甲乙两位同学对同一样品重复测定 10 次，结果见表 11-2。

表 11-2　例 11-2 表

甲	2.3	1.8	1.6	2.2	2.1	2.4	2.0	1.7	2.2	1.7
乙	2.0	2.1	1.3	2.2	1.9	1.8	2.5	1.8	2.3	2.1

分别求出甲、乙两组数据的平均值、平均偏差、相对平均偏差。

【解】甲：平均值 $\bar{x} = \frac{1}{10} \times (x_1 + x_2 + \cdots + x_{10})$

$$= \frac{1}{10} \times (2.3 + 1.8 + 1.6 + 2.2 + 2.1 + 2.4 + 2.0 + 1.7 + 2.2 + 1.7)$$

$$= 2.0$$

绝对偏差 $d_i = x_i - \bar{x}$，代入数据得

$$d_1 = +0.3, d_2 = -0.2, d_3 = -0.4, d_4 = +0.2, d_5 = +0.1,$$

$$d_6 = +0.4, d_7 = 0.0, d_8 = -0.3, d_9 = +0.2, d_{10} = -0.3$$

平均偏差 $\bar{d} = \frac{|d_1| + |d_2| + |d_3| + \cdots + |d_{10}|}{10}$

$=\frac{1}{10}\times(0.3+0.2+0.4+0.2+0.1+0.4+0.0+0.3+0.2+0.3)$

$=0.24$

相对平均偏差 $R_{\bar{d}}=\frac{\bar{d}}{\bar{x}}\times100\%$

$=\frac{0.24}{2.0}\times100\%$

$=12\%$

乙:平均值 $\bar{x}=\frac{1}{10}\times(x_1+x_2+\cdots+x_{10})$

$=\frac{1}{10}\times(2.0+2.1+1.3+2.2+1.9+1.8+2.5+1.8+2.3+2.1)$

$=2.0$

绝对偏差 $d_i=x_i-\bar{x}$,代入数据得

$d_1=0.0, d_2=+0.1, d_3=-0.7, d_4=+0.2, d_5=-0.1,$

$d_6=-0.2, d_7=+0.5, d_8=-0.2, d_9=+0.3, d_{10}=+0.1$

平均偏差 $\bar{d}=\frac{|d_1|+|d_2|+|d_3|+\cdots+|d_{10}|}{10}$

$=\frac{1}{10}\times(0.0+0.1+0.7+0.2+0.1+0.2+0.5+0.2+0.3+0.1)$

$=0.24$

相对平均偏差 $R_{\bar{d}}=\frac{\bar{d}}{\bar{x}}\times100\%$

$=\frac{0.24}{2.0}\times100\%$

$=12\%$

(3)极差和相对极差。

在一般的化学分析中,平行测定的数据之间常采用极差来估算误差范围。以 R 来表示极差:

$$R=x_{\max}-x_{\min}$$

式中:$x_{\max}$——测定结果的最大值;

$x_{\min}$——测定结果的最小值。

$$相对极差=\frac{R}{\bar{x}}\times100\%$$

记一记

准确度与精密度的表示方法见表11-3。

表 11-3　准确度与精密度

类别	概念	表示方法
准确度	测定结果与真实值相接近的程度，以误差表示	绝对误差(E)＝测得值(x)－真实值(T) 相对误差$(E_r)=\frac{\text{绝对误差}(E)}{\text{真实值}(T)}\times 100\%$
精密度	多次测定结果之间相互接近的程度称为精密度，以偏差表示	绝对偏差 $d_i=x_i-\bar{x}$ 平均偏差$(\bar{d})=\frac{\lvert d_1\rvert+\lvert d_2\rvert+\lvert d_3\rvert+\cdots+\lvert d_n\rvert}{n}$ 相对平均偏差$(R_{\bar{d}})=\frac{\bar{d}}{\bar{x}}\times 100\%$

3. 精密度与准确度的关系

A、B、C、D 四个分析工作者对同一铁标样($\omega_{Fe}=37.40\%$)中的铁含量进行测定，所得结果如图 11-1 所示，比较其准确度与精密度。

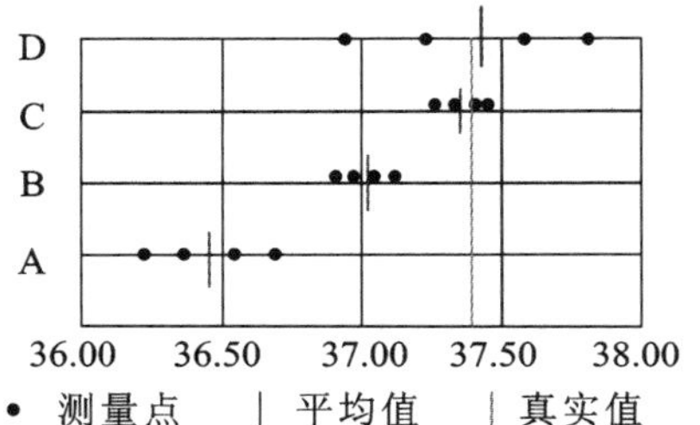

图 11-1　铁含量测定结果

A：准确度低，精密度低。

B：准确度低，精密度高。

C：准确度高，精密度高。

D：表观准确度高，精密度低。

由此可得以下结论：

(1) 精密度是保证准确度的前提。

(2) 精密度高，不一定准确度就高。

总而言之，准确度高，一定需要精密度高，但精密度高不一定准确度高。

二、定量分析中误差的来源

误差根据性质与产生的原因，一般分为系统误差与偶然误差。

1. 系统误差

系统误差是由某种固定因素造成的误差，它具有单向性，即正负、大小都有一定的规律性。在同一条件下重复测定时，它会重复出现，其误差的大小往往可以估计，故也称为可定误差。系统误差不影响测定结果的精密度，但影响测定结果的准确度。

系统误差的产生主要有以下原因。

(1) 方法误差：由分析方法本身造成。例如，在滴定分析中，受反应进行不完全、干扰离子的影响，化学计量点和滴定终点不吻合，有其他副反应的发生等，都会系统影响分析测定，使结果偏高或偏低。

(2) 仪器误差：主要由仪器本身不够准确或未经校准造成。例如，天平砝码和量器刻度不够准确等，在使用过程中就会产生误差。

(3) 试剂误差：由试剂不纯或蒸馏水中含有微量的杂质所引起的误差。

(4) 操作误差：主要是指在正常操作情况下，由个人掌握操作规程与控制条件稍有出入而引起的误差。例如，在滴定分析中对滴定终点颜色的判断，有的敏锐，有的迟钝，有的偏深，有的偏浅；读取滴定管刻度值时经常偏高或偏低等。

2. 偶然误差

偶然误差也称为随机误差，是由某些偶然因素造成的误差。偶然误差给分析结果带来的影响没有一定的规律性，有时大，有时小。偶然误差在分析操作中往往难以察觉，也难以控制。例如，由温度、气压、湿度的微小波动，仪器性能的微小变化等引起的误差。在同一条件下多次测定所出现的误差，其大小、正负不固定，是非单向性的。受许多偶然因素的影响，一个人多次分析同一个样品时，得到的分析结果并不完全一致，而是有高有低。

三、定量分析中的误差及减免

衡量分析结果离不开准确度和精密度两个方面。准确度由系统误差决定，精密度由偶然误差决定，在分析工作中应尽量消除或校正系统误差，减少偶然误差，保证分析结果的准确度。

1. 选择合适的分析方法

各种分析方法的准确度和灵敏度是不同的。称量分析和滴定分析灵敏度不高，但对于高含量组分的测定，能获得比较准确的结果。对于低含量组分的测定，称量分析和滴定分析的灵敏度达不到要求，而应该采用仪器分析的方法。

另外，除根据组分含量高低确定分析方法外，还应考虑干扰的情况，要尽量选择无干扰、不需要分离、操作简便的方法。

2. 减小测量误差

在称量分析中，测量误差主要表现在称量上。一般的分析天平的称量误差为±0.0001 g，称取一份试样需要称量两次，可能引起的最大误差是±0.0002 g，为了使称量的相对误差不超过0.1%，则称量的最低质量应该是

$$试样质量=\frac{绝对误差}{相对误差}=\frac{0.0002}{0.1\%}\ g=0.2\ g$$

在滴定分析中，测量误差主要在体积测量过程中产生。一般常量滴定管读数常有±0.01 mL的误差，完成一次滴定需要读数两次，这样引起的最大误差是±0.02 mL。为了使测量的相对误差小于0.1%，则消耗滴定剂的体积必须在20 mL以上，一般保持在30 mL左右。

3. 增加平行测定的次数

这是减少偶然误差的有效方法。因为在相同的情况下，进行多次重复测定，可发现偶然误差的分布服从一般的统计规律，其特点是：

(1) 大小相等的正误差和负误差出现的概率相等；

(2) 小误差出现的概率大，大误差出现的概率小，个别特别大的误差出现的机会极少。

因此，在一般的化学分析中，要求平行测定2～4次，基本上可以得到比较满意的分析结果。若准确度要求更高，则可适当增加测定次数。

4. 消除测定过程中的系统误差

系统误差是由某些固定因素造成的误差，可以根据具体情况选用不同方法来检验和校正。

（1）对照试验。

对照试验是检验系统误差简单而有效的方法。进行对照试验时，常用组成与待测试样接近、已知准确含量的标准试样（或配制的标准试样），按照同样的方法进行分析与对照；也可以用不同的可靠分析方法，或者由不同的分析人员分析同一试样相互对照。

（2）空白试验。

由试剂和器皿引入杂质所造成的系统误差，一般可以做空白试验来消除。空白试验是在不加试样的情况下，按照试样的分析步骤和条件进行分析试验，所得结果称为“空白值”，从试样的测定结果中扣除空白值。

一般而言，空白值应较小，若有异常，应选用纯度更高的试剂和改用其他适当的器皿来降低空白值。

（3）校准仪器。

由测量仪器不准确引起的系统误差，可以通过校准仪器来减小误差。

在准确度要求较高的分析中，所用的测量仪器（如滴定管、移液管、容量瓶和天平砝码等）必须进行校准，分析测定时，可以直接应用校正值。必须指出，在一系列操作过程中应该使用同一套仪器，这样可以使仪器误差抵消。例如，一份试样需称量两次，其中重复使用的砝码的误差是可以互相抵消的。

（4）校正方法。

某些分析方法的系统误差可用其他方法进行校正。例如，在称量分析中，待测组分沉淀绝对完全是不可能的，其溶解的部分可采用其他方法测量予以校正。

应该指出，由操作者工作粗心、不遵守操作规程，如仪器不洁净、看错砝码、读错刻度、试剂加错、溶液溅失、记录错误和计算错误等造成的错误结果，是不能通过上述结果减免的。因此，必须严格遵守操作规程，认真仔细地进行实验，如发现错误测定结果，应予以剔除，不能将它与其他结果放在一起计算平均值。

记一记

表 11-4 所示是系统误差与偶然误差的对比。

表 11-4　系统误差与偶然误差的对比

误差的分类	概念	特点	产生的原因	消除或减小的方法
系统误差	由某种固定因素造成的误差	单向性；可定误差	方法误差；仪器误差；试剂误差；操作误差	对照试验；校准仪器；空白试验；规范操作
偶然误差	由某些偶然因素造成的误差	非单向性；不可定误差；多次重复测定时呈正态分布	温度、气压、湿度的微小波动；仪器性能的微小变化等	增加平行测定的次数

操作练习

活动 1 混合碱总碱度的测定

实验原理

烧碱在生产和储存的过程中，因吸收空气中的 CO_2 而产生部分 Na_2CO_3。在测定烧碱中 NaOH 含量的同时，常常要测定 Na_2CO_3 的含量，称为混合碱分析。将固体烧碱制备成溶液，以甲基红-溴甲酚绿为混合指示液，用盐酸标准滴定溶液滴定至暗红色，即可测得混合碱的总碱度，结果以氢氧化钠的含量(%)表示。发生的反应如下：

$$HCl + NaOH \longrightarrow NaCl + H_2O$$

$$2HCl + Na_2CO_3 \longrightarrow 2NaCl + H_2O + CO_2 \uparrow$$

主要任务

◇ 配制混合碱试样。

◇ 测定混合碱的总碱度。

◇ 正确记录实验数据。

◇ 自我评价操作规范性。

实验操作指导书

1. 滴定分析仪器的准备与清洗

准备 25 mL 移液管、250 mL 容量瓶、250 mL 锥形瓶、50 mL 聚四氟乙烯塞滴定管、烧杯等玻璃仪器并清洗干净，使其内壁不挂水珠。

2. 领取实验试剂

领取预先配制好的 0.1 mol/L 的 HCl 标准滴定溶液及甲基红-溴甲酚绿混合指示液。

3. 配制混合碱试样

用称量瓶迅速称取 1.5～1.7 g 混合碱试样于洁净的 100 mL 烧杯中，加少量水使其溶解，待溶液冷却后，定量转移至 250 mL 容量瓶中，加水稀释至标线，摇匀。

4. 测定混合碱的总碱度

用移液管准确移取 25.00 mL 试样溶液，注入 250 mL 锥形瓶中，用量筒量取 25 mL 蒸馏水，加入 10 滴甲基红-溴甲酚绿混合指示液，用盐酸标准滴定溶液滴定至暗红色为终点。记下滴定所消耗的盐酸标准滴定溶液的体积 V，同时做空白试验，记录消耗的盐酸标准滴定溶液的体积 V_0。平行测定 3 次。

5. 正确填写实验记录

及时将实验数据填写至数据记录表(表 11-5)，正确保留有效数字的位数。

表 11-5 混合碱总碱度的测定

检验时间：＿＿＿＿＿＿ 温度：＿＿＿＿＿＿ 指示剂：＿＿＿＿＿＿

内容	测定次数		
	1	2	3
倾样前称量瓶及试样的质量 m_1/g			
倾样后称量瓶及试样的质量 m_2/g			
试样的质量/g			
移取试液的体积 V_s/mL			
标准滴定溶液的浓度 c/(mol/L)			
滴定管初读数/mL			
滴定管终读数/mL			
滴定消耗标准滴定溶液的体积 V/mL			
空白试验滴定消耗标准滴定溶液的体积 V_0/mL			
混合碱总碱度/%			
混合碱总碱度算术平均值/%			
相对平均偏差/%			

检验员：＿＿＿＿＿＿ 复核员：＿＿＿＿＿＿

6. 自我评价操作规范性

操作规范性测评表见表 11-6。

表 11-6 操作规范性测评表

序号	评价项目	评价标准	
1	正确穿戴工作服、口罩、护目镜等防护用具	□是	□否
2	仪器分类摆放有序，实验台面干净整洁	□是	□否
3	烧杯、移液管、容量瓶、锥形瓶用纯水洗净、备用	□是	□否
4	天平使用前预热 20 min，检查天平水准仪气泡是否居中	□是	□否
5	称量前，清扫天平，保持天平清洁	□是	□否
6	穿戴棉手套，正确拿取称量瓶，不随处乱放称量瓶	□是	□否
7	称量瓶敲样方法正确，在烧杯上方打开、盖上称量瓶盖	□是	□否
8	读数时关闭天平门，及时记录数据于数据记录表中	□是	□否
9	实验结束，清扫天平并关机，填写仪器使用记录，清理实验台面	□是	□否

续表

序号	评价项目	评价标准	
10	加蒸馏水溶解混合碱试样，搅拌，使其完全溶解	□是	□否
11	将溶解好的混合碱试样转移至容量瓶中，方法正确	□是	□否
12	润洗烧杯及玻璃棒 3～5 次，洗液并入容量瓶	□是	□否
13	往容量瓶中加蒸馏水至 1/4 处时，平摇	□是	□否
14	加水至容量瓶标线下 1～2 cm 处，等待 1 min 后，用胶头滴管定容至标线，摇匀备用	□是	□否
15	用稀释后的混合碱试样润洗洁净的烧杯和移液管 3 次	□是	□否
16	吸取稀释后的混合碱试样，用滤纸擦净移液管外壁	□是	□否
17	用干净的小烧杯做承接容器，移液管保持垂直，管尖紧靠小烧杯内壁，调节液面与环线相切	□是	□否
18	放液时，锥形瓶倾斜，移液管保持垂直，管尖紧靠锥形瓶内壁，放出移液管中的溶液后，停靠 15 s	□是	□否
19	用量筒量取 25 mL 蒸馏水加入锥形瓶	□是	□否
20	正确滴加甲基红-溴甲酚绿混合指示液，无手抖现象	□是	□否
21	滴定管用 HCl 标准溶液润洗 3 次，润洗液用量合理，方法正确，润洗液从滴定管管尖排出	□是	□否
22	滴定管调零操作正确，凹液面最低点刻度线与零刻度线相切，管尖无气泡	□是	□否
23	滴定前，用锥形瓶外壁靠一下滴定管管尖	□是	□否
24	滴定过程中，滴定速度控制得当，未呈直线	□是	□否
25	滴定终点判断正确（暗红色）	□是	□否
26	滴定结束后停留 30 s 再读数，且读数正确	□是	□否
27	按要求进行空白试验	□是	□否
28	实验数据及时记录到数据记录表中	□是	□否
29	正确处理实验过程中的酸、碱废液，不随意乱倒入下水道	□是	□否
30	实验结束后，及时洗净玻璃仪器，分类摆放好，保持实验台面干净整洁	□是	□否
配分 60 分，一个否定项扣 2 分		得分：	
评价人（签名）：		教师（签名）：	

活动 2　实验结果的评价

实验目的

分析实验结果受多种因素影响，包括分析人员操作的规范性和熟练程度、化学试剂及用量、反应条件、操作步骤等。本活动的目的是学生通过对活动 1 实验数据的处理，计算混合碱的总碱度及平行实验的相对平均偏差，对照实验结果的精密度与准确度评分标准对自己的实验结果打分，引导学生反思导致实验结果好或差的因素有哪些，帮助学生有针对性地提高操作技能水平。

主要任务

◇ 计算混合碱的总碱度。

◇ 评价本次实验结果。

◇ 总结反思影响实验结果的因素。

实验操作指导书

1. 数据处理

混合碱总碱度按下式计算：

$$\omega(\mathrm{NaOH})=\frac{c\times V\times M(\mathrm{NaOH})}{m}\times 100\%$$

式中：ω——试样中 NaOH 的质量分数，%；

c——HCl 标准滴定溶液的浓度，mol/L；

V——滴定消耗 HCl 标准滴定溶液的体积，mL；

m——混合碱试样的质量，g；

M——NaOH 的摩尔质量，g/mol。

取平行测定结果的算术平均值为测定结果，要求相对平均偏差小于 0.2%。

相对平均偏差是平均偏差在平均值中所占的比率。

$$相对平均偏差\ R_{\bar{d}}=\frac{平均偏差}{平均值}\times 100\%$$

2. 结果评价

HCl 标准滴定溶液测定混合碱总碱度实验结果自评表见表 11-7。

表 11-7 HCl 标准滴定溶液测定混合碱总碱度实验结果自评表

序号	评价项目	配分	评价标准
1	实验数据记录	5	□无涂改，得 5 分； □规范修改，得 3 分； □不规范涂改，得 0 分
2	有效数字保留	3	□全正确，得 5 分； □有错误，每处扣 1 分，扣完为止
3	总碱度计算	5	□全正确，得 5 分； □有错误，每次扣 2 分，扣完为止
4	相对平均偏差计算	2	□正确，得 2 分； □错误，得 0 分
5	测定结果的精密度	15	□相对平均偏差≤0.5%，得 15 分 □0.5%<相对平均偏差≤1%，得 10 分 □相对平均偏差>1%，得 0 分

续表

序号	评价项目	配分	评价标准
6	测定结果的准确度（统计全班测定结果，计算出参照值）	10	□相对误差≤0.2%，得10分 □0.2%<相对误差≤0.6%，得6分 □相对误差>0.6%，得0分
总分：40分		得分：	
评价人（签名）：		教师（签名）：	

3. 总结与反思

（1）本次实验结果的精密度是否符合要求？

（2）本次实验结果与参照值相比，差得远吗？

（3）3次测定结果是否接近？有偏差比较大的吗？如果有，原因是什么？

（4）下次完成该实验，你将会从哪些方面提高实验结果的准确度及精密度？

目标检测

一、单项选择题

1. 在称量样品时试样会吸收微量水分，这属于（　　）。

A. 系统误差　　B. 偶然误差　　C. 过失误差　　D. 没有误差

2. 读取滴定管读数时，最后一位估计不准确，这是（　　）。

A. 系统误差　　B. 偶然误差　　C. 过失误差　　D. 没有误差

3. 下列叙述中正确的是（　　）。

A. 误差是以真实值为标准的，偏差是以平均值为标准的。实际工作中获得的所谓“误差”实质上仍是偏差

B. 对某项测定来说，它的系统误差大小是可以测量的

C. 对偶然误差来说，大小相近的正误差和负误差出现的机会是相等的

D. 某测定的精密度越好，则该测定的准确度越好

4. 滴定分析中，出现的下列情况，哪种导致系统误差（　　）。

A. 试样未经充分混匀　　B. 滴定管的读数读错

C. 滴定时有液滴溅出　　D. 砝码未经校正

5. 分析测定中的偶然误差，就统计规律来讲，其（　　）。

A. 数值固定不变

B. 正误差出现的概率大于负误差

C. 大误差出现的概率小，小误差出现的概率大

D. 数值相等的正、负误差出现的概率相等

6. 分析测定中出现的下列情况，何种属于偶然误差（　　）。

A. 滴定时所加的试剂中含有微量的被测物质

B. 某分析人员几次读取同一滴定管的读数不能取得一致

C. 某分析人员读取滴定管的读数时总是偏高或偏低

D. 滴定时发现有少量溶液溅出

7. 可用下列哪种方法减小分析测定中的偶然误差(　　)。

A. 进行对照试验　　B. 进行空白试验

C. 进行仪器校准　　D. 增加平行测定的次数

8. 空白试验主要用于检验或消除由(　　)所造成的系统误差。

A. 方法误差　　B. 仪器误差　　C. 试剂误差　　D. 操作误差

9. 以下方法中不能用来检验测定过程中是否存在系统误差的是(　　)。

A. 利用组成与待测试样相近、已知准确含量的标准试样做对照试验

B. 在试样中加入已知量的待测组分,然后进行对照试验

C. 采用比较可靠的方法进行对比分析

D. 严格控制测定条件,增加平行测定次数,对结果进行比较

10. 以下方法中不能用来检验测定过程中是否存在方法误差的是(　　)。

A. 对照试验　　B. 空白试验　　C. 加标回收试验

D. 用标准方法(或一种可靠的方法)进行比较试验

11. 对一试样进行多次平行测定,获得其中某物质的含量的平均值为98.03%,则其中任一测定值与平均值之差为该测定的(　　)。

A. 绝对偏差　　B. 相对偏差　　C. 绝对误差　　D. 标准偏差

二、判断题

1. 准确度高,精密度就高。(　　)

2. 精密度高,准确度就高。(　　)

3. 空白试验就是不加被测试样,在相同条件下进行的测定。(　　)

4. 偏差是指测量值与真实值之间的差值,偏差越小,测量结果越准确。(　　)

5. 测定结果的平均偏差为各次测量结果与平均值的差值的平均值。(　　)

6. 极差一般等于平均偏差乘测量次数。(　　)

三、计算题

1. 有一铜矿试样,经3次测定,铜含量为24.87%、24.93%和24.69%,而铜的实际含量为25.05%。求分析结果的绝对误差和相对误差。

2. 测定某试样的铁含量,5次测定的结果为34.66%、34.68%、34.61%、34.57%、34.63%。计算分析结果的平均偏差、相对平均偏差。

阅读材料

追逐梦想　圆梦航天

王亚平是中国首位进驻空间站、首位出舱活动的女航天员。1997年,长春飞行学院到她就读的学校招生,王亚平被选中。她努力学习文化课知识,同时熟练掌握了4种机型的飞行驾驶技能。毕业后,凭着过硬的作风和出色的业务能力,王亚平很快就成为骨干飞行员,出色完成了汶川抗震救灾、北京奥运会消云

减雨等多项重要任务。

2009 年，我国开始选拔第二批航天员，王亚平成功进入预备航天员行列。之后，她付出更多的辛苦和努力。超重耐力训练中，在高速旋转的离心机里，她要承受很大的重力加速度，呼吸困难，面部扭曲变形，甚至连眼泪都甩了出来。在出舱活动水下训练中，她穿戴 120 多公斤的装备入水，进行长达 4～6 h 的不间断训练，一次训练所消耗的体能相当于跑一个“全马”所消耗的体能。日复一日的“魔鬼训练”并没有让王亚平放弃，她坚信：“梦想就像宇宙中的星辰，看似遥不可及，但只要努力，就一定能够触摸得到”，“每练完一次，技术上又进步了，离梦想又近了一步”。

2013 年和 2021 年，王亚平两次进入太空执行任务，她先后在太空授课，成为我国首位“太空教师”，大大激发了孩子们钻研科学、探索太空的热情，深受广大青少年的欢迎和喜爱。

王亚平的事迹和精神一直鼓舞着很多人。她对科学和太空探索的热情令人感动。她证明了毅力和恒心的重要性。尽管遇到了许多困难和挫折，但她始终坚持自己的梦想，努力成为中国太空探索团队的重要一员。她的事迹告诉我们，只要我们拥有坚强的意志和努力的精神，就可以克服困难并取得成功。

任务 12　滴定分析仪器的校准

任务目标

◆ 知识目标

1. 了解容量瓶、移液管、滴定管的校准方法；
2. 掌握容量瓶、移液管、滴定管校准的有关计算；
3. 掌握容量瓶、移液管、滴定管校准的注意事项。

◆ 能力目标

1. 能正确进行容量瓶的绝对校准和相对校准；
2. 能正确进行滴定管的校准，绘制并运用校准曲线。

◆ 素养目标

培养学生严谨细致的工作态度、精益求精的工匠精神。

情景导入

滴定分析仪器校准的必要性

分析化学中常用的准确测量溶液体积的仪器有滴定管、容量瓶、移液管及吸量管等，出于多种原因，如温度变化、试剂侵蚀、制造工艺限制等，它们的实际容积常会与它所标示的容积(标称容积)不完全相符而出现误差，此值须符合一定的标准(容量允差)。

对于一般的生产性控制，仪器的准确度已经满足要求，不必进行校准。但对于准确度较高的分析，如原材料分析、成品分析、标准溶液的标定、仲裁分析、科研分析等，所用仪器必须校准，因此，掌握仪器的校准方法对分析工作者而言，是一项非常重要的基本技能。

说一说

☆ 滴定分析常用的玻璃量器有哪些？它们常见的规格、等级、分类有哪些？

☆ 滴定分析常用的玻璃量器上的标志有哪些？它们代表的意义是什么？

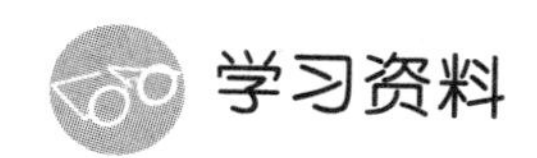

学习资料

一、容量瓶的校准

容量瓶的校准方法有绝对校准法和相对校准法。

1. 绝对校准法

绝对校准法也叫称量法或衡量法。绝对校准法是一种用分析天平称取容量瓶标称容积容纳蒸馏水的质量，然后根据该温度下蒸馏水的密度，将水的质量换算为容积的方法。测定工作在室温下进行，一般规定以 20 ℃作为室温的校准温度。将质量换算成容积时，需考虑三方面的影响：

(1) 水的密度随温度的变化。水在 3.98 ℃的真空中的相对密度为 1，高于或低于此温度时，其相对密度均小于 1。

(2) 温度对玻璃量器容积胀缩的影响。温度改变时，因玻璃的膨胀和收缩，量器的容积也随之改变。

(3) 在空气中称量时，空气浮力对蒸馏水质量的影响。受空气浮力的影响，水在空气中称得的质量必小于在真空中称得的质量。

在一定温度下，上述三个因素的校准值是一定的，为了方便计算，综合考虑三个因素，得到一个总校准值。此值表示玻璃仪器中容积(20 ℃时)为 1 mL 的蒸馏水在不同温度下，于空气中用黄铜砝码称得的质量，列于表 12-1 中。

表 12-1 玻璃容器中 1 mL 蒸馏水在空气中用黄铜砝码称得的质量

t/℃	ρ_t/(g/mL)	t/℃	ρ_t/(g/mL)	t/℃	ρ_t/(g/mL)	t/℃	ρ_t/(g/mL)
1	0.99824	11	0.99832	21	0.99700	31	0.99464
2	0.99834	12	0.99823	22	0.99680	32	0.99434
3	0.99839	13	0.99814	23	0.99660	33	0.99406
4	0.99844	14	0.99804	24	0.99638	34	0.99375
5	0.99848	15	0.99793	25	0.99617	35	0.99345
6	0.99850	16	0.99730	26	0.99593	36	0.99312
7	0.99850	17	0.99765	27	0.99569	37	0.99280
8	0.99848	18	0.99751	28	0.99544	38	0.99246
9	0.99844	19	0.99734	29	0.99518	39	0.99212
10	0.99839	20	0.99718	30	0.99491	40	0.99177

利用此值可将不同温度下水的质量换算成 20 ℃时的体积，换算公式为：

$$V_{20}=\frac{m_t}{\rho_t}$$

式中：m_t——温度为 t 时在空气中用砝码称得量器放出或装入蒸馏水的质量，g；

ρ_t——1 mL 蒸馏水在温度为 t 时用黄铜砝码称得的质量，g/mL；

V_{20}——将 m_t 蒸馏水换算成 20 ℃时的体积，mL。

【例 12-1】在 21 ℃时校准容量瓶，称得 50 mL 容量瓶中水的质量为 49.08 g，求该容量瓶在 20 ℃时的实际容量及校准值。

【解】查表 12-1，21 ℃时，$\rho_{21}=0.99700$ g/mL。已知 $m_{21}=49.08$ g，所以 20 ℃时：

$$V_{20}=\frac{m_{21}}{\rho_{21}}=\frac{49.08}{0.99700}\ \text{mL}=49.23\ \text{mL}$$

容量校准值

$$\Delta V=(49.23-50.00)\ \text{mL}=-0.77\ \text{mL}$$

此外，还可以通过查阅校准温度 t 时，1 mL 蒸馏水在 t 时用黄铜砝码称得的质量 ρ_t，乘容量瓶标称容积得到的对应体积的蒸馏水的质量 m_t，用天平称取 m_t 质量的蒸馏水，观察容量瓶中水的弯月面下缘是否与标线相切。若正好相切，说明容量瓶的精度好，瓶颈的标线即为标称容积在 20 ℃时的标线；若不相切，则表示有误差，待容量瓶沥干后再重复操作。如果仍然不相切，可在容量瓶瓶颈上另作一标记，并以此标记为准。

2. 相对校准法

相对校准法是相对比较两个量器所盛液体的体积比例关系。在分析工作中，容量瓶和移液管经常是配套使用的，因此，容量瓶的相对校准即是指容量瓶与移液管的相对校准。校准方法是：用 25.00 mL 移液管移取蒸馏水，注入洗净沥干的 250.00 mL 容量瓶中，如此进行 10 次，观察容量瓶中水的弯月面下缘是否与标线相切。若正好相切，说明移液管与容量瓶的容积关系比例为 1∶10；若不相切，则表示有误差，待容量瓶沥干后再重新操作。如果仍然不相切，可在容量瓶瓶颈上另作一标记，并以此标记为准。采用此法校准好的容量瓶与移液管配套使用，如果更换其中一种仪器，需重新校准再使用。

二、移液管的校准

1. 移液管的绝对校准

移液管的绝对校准即用天平称量移液管放出纯水的质量，然后根据纯水的校准值计算移液管在标准温度 20 ℃时的实际体积。

【例 12-2】在 21 ℃时校准移液管，25.00 mL 移液管中放出的水的质量为 25.00 g，求移液管在 20 ℃时的实际容量及容量校准值。

【解】查表 12-1，21 ℃时，$\rho_{21}=0.99700$ g/mL。已知 $m_{21}=25.00$ g，所以 20 ℃时：

$$V_{20}=\frac{m_{21}}{\rho_{21}}=\frac{25.00}{0.99700}\ \text{mL}=25.08\ \text{mL}$$

容量校准值

$$\Delta V=(25.08-25.00)\ \text{mL}=0.08\ \text{mL}$$

2. 移液管的相对校准

移液管的相对校准是指移液管与容量瓶配套校准，方法见容量瓶部分，此处不再赘述。

三、滴定管的校准

滴定管的校准采用绝对校准法。方法如下：

(1) 提前将校准所需的玻璃仪器及蒸馏水放置于(20±5) ℃恒温的天平室内，用温度计测量蒸馏水的温度。

(2) 在洗净的 50 mL 酸式或碱式滴定管中装满蒸馏水，并调节液面至“0.00”刻度处。

(3) 称量洁净、干燥的具塞锥形瓶的质量，精确至 0.001 g，并记为 m_1。

(4) 从滴定管向具塞锥形瓶中以 6～8 mL/min 的速度放蒸馏水，当液面降至被校准刻度线(此处为 10 mL)以上约 0.5 mL 时等待 30 s，然后在 10 s 内将液面调节至 10 mL 刻度线，随即用锥形瓶内壁靠下挂在尖嘴下的液滴，记录体积读数，并立即盖上瓶塞进行称量，记为 m_2，则放出的蒸馏水质量为 m_2-m_1。每一个被检体积至少平行测定两次，两次校准值之差应小于 0.02 mL，取其平均值。

(5) 按同样的方法依次校准 20 mL、30 mL、40 mL、50 mL 各点，每次都重新调节液面至“0.00”刻度线开始校准，同时记录水温。

(6) 根据水温，从表 12-1 中查出该温度下的 ρ_t，将测定数据代入公式：

$$V_{20}=\frac{m_t}{\rho_t}$$

【例 12-3】 在 21 ℃时校准滴定管，由滴定管中放出 10.03 mL 水，称得其质量为 10.04 g，求该段滴定管在 20 ℃时的实际容量及校准值。

【解】 查表 12-1，21 ℃时，$\rho_{21}=0.99700$ g/mL。已知 $m_{21}=10.04$ g，所以 20 ℃时：

$$V_{20}=\frac{m_{21}}{\rho_{21}}=\frac{10.04}{0.99700}\ \text{mL}=10.07\ \text{mL}$$

容量校准值

$$\Delta V=(10.07-10.03)\ \text{mL}=0.04\ \text{mL}$$

碱式滴定管的校准方法与酸式滴定管相同，表 12-2 为校准滴定管的实例。

表 12-2 50 mL 酸式滴定管的校准实例

标准分段/mL	滴定管读数/mL	水的质量/g	标称容量/mL	实际容量/mL	体积校准值/mL	平均体积校准值/mL
0～10	10.00	9.9836	10.00	10.022	+0.022	+0.02
	10.01	9.9926	10.01	10.031	+0.021	
0～20	20.01	19.9473	20.01	20.024	+0.014	0.00
	20.02	19.9314	20.02	20.008	−0.012	

续表

标准分段/mL	滴定管读数/mL	水的质量/g	标称容量/mL	实际容量/mL	体积校准值/mL	平均体积校准值/mL
0～30	30.00	29.9329	30.00	30.048	+0.048	+0.05
	30.01	29.9409	30.01	30.056	+0.046	
0～40	40.02	39.8936	40.02	40.047	+0.027	+0.03
	40.01	39.8876	40.01	40.041	+0.031	
0～50	49.98	49.8464	49.98	50.038	+0.058	+0.06
	50.00	49.8424	50.00	50.054	+0.054	

注：水温 25 ℃，$\rho_{25}=0.99617$ g/mL。

(7)以滴定管读数为横坐标，以相应的总校准值为纵坐标，用直线连接各点，绘出校准曲线，如图 12-1 所示，以便使用该滴定管时查取。

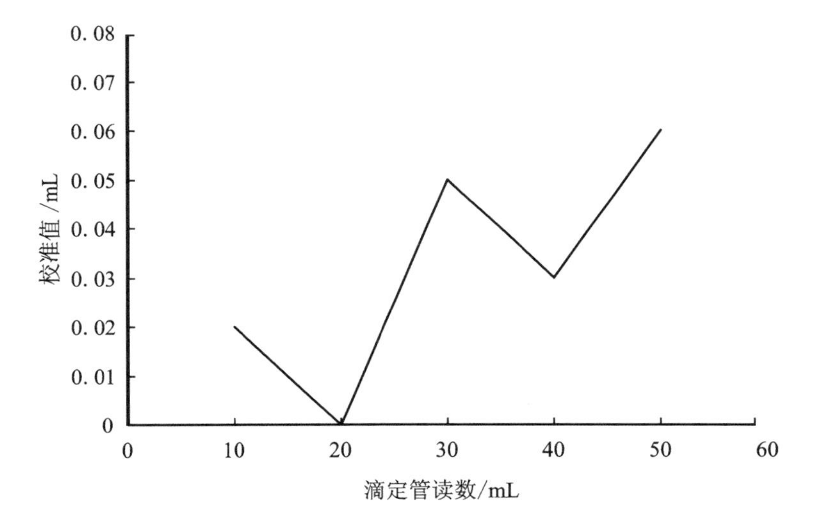

图 12-1 滴定管校准曲线

一般而言，50 mL 滴定管每隔 10 mL 测定一个校准值，25 mL 滴定管每隔 5 mL 测定一个校准值。

四、溶液温度校正值的计算

校准滴定分析仪器的标准温度是 20 ℃，而使用温度不一定是 20 ℃，因此，仪器的容量及溶液的体积都将发生变化。如果溶液在同一温度下配制和使用，就不必校准，因为这时所引起的误差在计算时可以抵消。如果配制和使用是在不同的温度下进行，则需要校准。当温度变化不大时，玻璃量器容量变化很小，可以忽略不计，但溶液体积的变化不可忽略。为了便于校准在其他温度下所测量溶液的体积，表 12-3 列出了不同温度下 1000 mL水或稀溶液换算到 20 ℃时，其体积应增减的补正值(mL)。

表 12-3 不同温度下 1000 mL 水或稀溶液换算到 20 ℃时的补正值 单位：mL

温度/℃	水和0.05 mol/L以下的各种水溶液	0.1 mol/L、0.2 mol/L的各种水溶液	盐酸溶液[c(HCl)=0.5 mol/L]	盐酸溶液[c(HCl)=1 mol/L]	0.5 mol/L硫酸溶液；0.5 mol/L氢氧化钠溶液	1 mol/L硫酸溶液；1 mol/L氢氧化钠溶液	1 mol/L碳酸钠溶液	0.1 mol/L氢氧化钾-乙醇溶液
5	+1.38	+1.7	+1.9	+2.3	+2.4	+3.6	+3.3	
6	+1.38	+1.7	+1.9	+2.2	+2.3	+3.4	+3.2	
7	+1.36	+1.6	+1.8	+2.2	+2.2	+3.2	+3.0	
8	+1.33	+1.6	+1.8	+2.1	+2.2	+3.0	+2.8	
9	+1.29	+1.5	+1.7	+2.0	+2.1	+2.7	+2.6	
10	+1.23	+1.5	+1.6	+1.9	+2.0	+2.5	+2.4	+10.8
11	+1.17	+1.4	+1.5	+1.8	+1.8	+2.3	+2.2	+9.6
12	+1.10	+1.3	+1.4	+1.6	+1.7	+2.0	+2.0	+8.5
13	+0.99	+1.1	+1.2	+1.4	+1.5	+1.8	+1.8	+7.4
14	+0.88	+1.0	+1.1	+1.2	+1.3	+1.6	+1.5	+6.5
15	+0.77	+0.9	+0.9	+1.0	+1.1	+1.3	+1.3	+5.2
16	+0.64	+0.7	+0.8	+0.8	+0.9	+1.1	+1.1	+4.2
17	+0.50	+0.6	+0.6	+0.6	+0.7	+0.8	+0.8	+3.1
18	+0.34	+0.4	+0.4	+0.4	+0.5	+0.6	+0.6	+2.1
19	+0.18	+0.2	+0.2	+0.2	+0.2	+0.3	+0.3	+1.0
20	0.00	0.0	0.0	0.0	0.0	0.0	0.0	0.0
21	−0.18	−0.2	−0.2	−0.2	−0.2	−0.3	−0.3	−1.1
22	−0.38	−0.4	−0.4	−0.5	−0.5	−0.6	−0.6	−2.2
23	−0.58	−0.6	−0.7	−0.7	−0.8	−0.9	−0.9	−3.3
24	−0.80	−0.9	−0.9	−1.0	−1.0	−1.2	−1.2	−4.2
25	−1.03	−1.1	−1.1	−1.2	−1.3	−1.5	−1.5	−5.3
26	−1.26	−1.4	−1.4	−1.4	−1.5	−1.8	−1.8	−6.4
27	−1.51	−1.7	−1.7	−1.7	−1.8	−2.1	−2.1	−7.5
28	−1.76	−2.0	−2.0	−2.0	−2.1	−2.4	−2.4	−8.5
29	−2.01	−2.3	−2.3	−2.3	−2.4	−2.8	−2.8	−9.6
30	−2.30	−2.5	−2.5	−2.6	−2.8	−3.2	−3.1	−10.6
31	−2.58	−2.7	−2.7	−2.9	−3.0	−3.5		−11.6

续表

温度/℃	水和0.05 mol/L以下的各种水溶液	0.1 mol/L、0.2 mol/L的各种水溶液	盐酸溶液[c(HCl)=0.5 mol/L]	盐酸溶液[c(HCl)=1 mol/L]	0.5 mol/L硫酸溶液；0.5 mol/L氢氧化钠溶液	1 mol/L硫酸溶液；1 mol/L氢氧化钠溶液	1 mol/L碳酸钠溶液	0.1 mol/L氢氧化钾-乙醇溶液
32	−2.86	−3.0	−3.0	−3.2	−3.4	−3.9		−12.6
33	−3.04	−3.2	−3.3	−3.5	−3.7	−4.2		−13.7
34	−3.47	−3.7	−3.6	−3.8	−4.1	−4.6		−14.8
35	−3.78	−4.0	−4.0	−4.1	−4.4	−5.0		−16.0
36	−4.10	−4.3	−4.3	−4.4	−4.7	−5.3		−17.0

注：1.本表数值是以 20 ℃为标准温度，并以实测法测得。

2.表中带有“＋”“－”的数值是以 20 ℃为分界，室温低于 20 ℃补正值为“＋”，室温高于 20 ℃补正值为“－”。

【例 12-4】 在 26 ℃时，滴定用去 0.1 mol/L HCl 标准滴定溶液 25.68 mL，计算在 20 ℃时该溶液的体积。

【解】 查表 12-3，26 ℃时温度补正值为－1.4，所以

$$V_{20}=\left(25.68-\frac{1.4}{1000}\times 25.68\right)\text{ mL}=25.64\text{ mL}$$

五、校准注意事项

（1）量器校准前需用铬酸洗液或其他洗涤液充分洗净。当水面下降（或上升）时，液面与容器内壁接触处形成正常的弯月面，水面上部器壁不应挂有水珠。

（2）校准时，环境温度为(20±5) ℃，用的纯水温度与环境温度相差不能超过 2 ℃，使用最小分度为 0.1 ℃的温度计。

（3）校准移液管及完全流出式吸量管时，水自标线（刻度线）流至出口端时，按规定再等待15 s，旋转管尖一周。

（4）校准不完全流出式吸量管时，水自刻度线流至最低刻度线上约 5 mm 处，等待 15 s，然后调至最低刻度线处，旋转管尖一周。

（5）校准滴定管时，充水至最高刻度线以上约 5 mm 处，等待 30 s，然后慢慢将液面调至“0.00”刻度线处。旋开旋塞，控制蒸馏水的流出速度为 6～8 mL/min。当液面流至被检刻度线上约 5 mm 处时，关好旋塞，等待 30 s，然后在 10 s 内将液面准确地调至被检刻度线上。

（6）仪器的校准应连续、迅速地完成，以避免温度波动和水的蒸发引起误差。滴定管、移液管放液口应位于接液容器磨口以下，切勿接触磨口。

（7）绝对校准法校准同一量器的过程中不能更换天平。

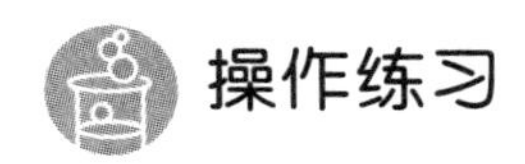

操作练习

活动 1　容量瓶的绝对校准

主要任务

◇ 测量 250 mL 容量瓶的实际体积。

◇ 计算容量瓶的校准值。

实验操作指导书

（1）将洗净且干燥的容量瓶在天平上准确称量，记录空容量瓶的质量为 m_1。

（2）向容量瓶中注入蒸馏水至标线，同时记录水温 t。

（3）用滤纸吸干瓶颈内壁和瓶外的水滴，盖上瓶塞称重，记录容量瓶和水的质量为 m_2。

（4）两次称量之差 m_2-m_1 即为容量瓶容纳的水的质量，查表 12-1 得 t 温度下水的校正密度，计算出容量瓶的真实容量，求出校准值。计算公式如下：

$$V_{20}=\frac{m_2-m_1}{\rho_t}$$

250 mL 容量瓶校准记录表见表 12-4。

表 12-4　250 mL 容量瓶校准记录表

校准日期：＿＿＿＿＿＿　水温/℃：＿＿＿＿＿＿　蒸馏水校正值/(g/mL)：＿＿＿＿＿＿

序号	温度/℃	空瓶质量 m_1/g	瓶和水的质量 m_2/g	水的质量 (m_2-m_1)/g	实际容量 /mL	校准值 /mL	平均校准值 /mL

注意事项

（1）待校准的容量瓶须洁净干燥，同蒸馏水一起，提前放入实验室内恒温。

（2）校准的温度一般以 15～25 ℃为宜。

（3）称量时，准确称准至小数点后 3 位。

（4）校准时，两次相应的校准值之差应小于 0.02 mL，求其平均值。

活动 2　移液管的绝对校准

主要任务

◇ 测量 25 mL 移液管的实际体积。

◇ 计算移液管的校准值。

实验操作指导书

(1) 称量洗净且干燥的磨口具塞锥形瓶质量 m_1，精确至 0.001 g。

(2) 用洗净干燥的 25 mL 移液管吸取纯水至标线以上，用滤纸擦干移液管外壁，调节液面与标线相切。

(3) 将水移入已准确称量的具塞锥形瓶中，使管尖与锥形瓶内壁接触，收集管尖余滴，立即盖上瓶塞。

(4) 准确称量具塞锥形瓶与水的总质量 m_2，两次质量之差 m_2-m_1 即为水的质量。

(5) 记录水温 t，查表 12-1 得该温度下水的校正密度，计算出移液管的真实容量，求出校准值。计算公式如下：

$$V_{20}=\frac{m_2-m_1}{\rho_t}$$

25 mL 移液管校准记录表见表 12-5。

表 12-5　25 mL 移液管校准记录表

校准日期：＿＿＿＿＿＿　水温/℃：＿＿＿＿＿＿　蒸馏水校正值/(g/mL)：＿＿＿＿＿＿

序号	温度/℃	空瓶质量 m_1/g	瓶和水的质量 m_2/g	水的质量 (m_2-m_1)/g	实际容量 /mL	校准值 /mL	平均校准值 /mL

注意事项

(1) 待校准的移液管须洁净干燥，同蒸馏水一起，提前放入实验室内恒温。

(2) 校准时，移液管尖端和外壁的水必须除去。

(3) 校准应连续、迅速地完成，以避免温度波动和水的蒸发引起误差。

(4) 移液管放液口应位于具塞锥形瓶磨口以下，切勿接触磨口。

活动 3　移液管和容量瓶的相对校准

主要任务

◇ 相对校准法校准 25 mL 移液管和 250 mL 容量瓶。

实验操作指导书

(1) 将 250 mL 容量瓶洗净、晾干。

(2) 用洗净的 25 mL 移液管准确吸取 25.00 mL 蒸馏水至容量瓶中，重复 10 次，即容量瓶中的蒸馏水体积为 250.00 mL。

(3) 观察容量瓶中蒸馏水的弯月面下缘位置是否与容量瓶标线相切，若正好相切，则该移液管与容量瓶容积关系比例为 1∶10，可以用原标线。

(4) 若不相切，表示有误差，另作一标记(贴一平直的窄纸条，纸条上沿与弯月面相切)，待容量瓶晾干后再校准一次。连续 2～3 次实验结果相符后，在纸条上刷蜡或贴一块透明胶布以保护此标记，以后使用该容量瓶与移液管按所贴标记配套使用。

注意事项

(1) 容量瓶的干燥可以是自然晾干，也可以用几毫升乙醇润洗内壁后倒挂在漏斗板上使其内壁干燥，还可以吹冷风快速干燥。

(2) 校准时，操作者的移液操作要熟练、规范，保证移液准确。

(3) 校准应连续、快速地完成，避免温度波动和水的蒸发引起误差。

(4) 移液管放液口应位于容量瓶磨口以下，切勿接触磨口。

活动 4 滴定管的校准及校准曲线的绘制

主要任务

◇ 用绝对校准法校准 50 mL 滴定管。

◇ 计算滴定管校准值。

◇ 绘制滴定管校准曲线。

实验操作指导书

(1) 取 100 mL 干燥具塞锥形瓶，精密称量。

(2) 将待校准的滴定管中蒸馏水液面调至“0.00”刻度线处。

(3) 从滴定管中放水至具塞锥形瓶中，待液面下降至离 10 mL 刻度线上约 5 mm 处时，等待 30 s，然后在 10 s 内将液面正确地调至 10 mL。

(4) 盖上具塞锥形瓶瓶塞，再次精密称量。两次相邻称量质量之差即为放出的水的质量。

(5) 按表 12-6 所列容量间隔进行分段校准，每次都从滴定管“0.00”刻度线开始，每支滴定管重复校准一次。

(6) 计算各校准点的体积校准值，要求连续两次的体积校准值 $\Delta V \leqslant 0.02$ mL。

(7) 以滴定管体积为横坐标，平均体积校准值为纵坐标，在坐标纸上绘制滴定管校准曲线。

表 12-6 50 mL 滴定管校准记录表

标准分段/mL	滴定管读数/mL	水的质量/g	水温/℃	蒸馏水校正值/(g/mL)	滴定管实际容量/mL	体积校准值/mL	平均体积校准值/mL
0～10							
0～20							
0～30							

续表

标准分段/mL	滴定管读数/mL	水的质量/g	水温/℃	蒸馏水校正值/(g/mL)	滴定管实际容量/mL	体积校准值/mL	平均体积校准值/mL
0～40							
0～50							

注意事项

(1) 滴定管须洁净,如有脏污,可用铬酸洗液浸泡后洗净。

(2) 滴定管及蒸馏水须提前放入实验室恒温。

(3) 校准滴定管时,充水至最高刻度线以上约 5 mm 处,然后慢慢将液面调至"0.00"刻度线。以 6～8 mL/min 的速度让水流出。当液面流至被检刻度线上约 5 mm 时,关好旋塞,等待 30 s,然后在 10 s 内将液面准确地调至被检刻度线上。

活动 5　滴定管校准曲线的应用及溶液温度校正值的计算

主要任务

◇ 根据实验过程叙述,将原始数据填写到记录表中。

◇ 进行数据处理。

◇ 对实验结果进行分析。

实验操作指导书

1. 盐酸总酸度的测定

某学生准备了三个预先装有 15 mL 蒸馏水的具塞锥形瓶,用电子天平称其质量,分别为 122.3698 g、122.3645 g、126.3612 g。在通风橱中依次往具塞锥形瓶中加入 3 mL 工业盐酸,摇匀,盖上瓶塞,再次称其质量,分别为 125.8791 g、125.9677 g、129.8180 g。将具塞锥形瓶拿回实验室,分别加入 50 mL 蒸馏水及 2 滴酚酞指示剂,摇匀后,用 1.002 mol/L 的 NaOH 标准滴定溶液滴定至溶液呈淡红色,且保持 30 s 不褪色即为终点,消耗 NaOH 标准滴定溶液的体积分别为 33.88 mL、34.86 mL、32.49 mL。实验过程中测得水温为 26 ℃。

已知工业盐酸总酸度的计算公式为:

$$\omega(\mathrm{HCl})=\frac{c(\mathrm{NaOH})\times V(\mathrm{NaOH})\times 10^{-3}\times M(\mathrm{HCl})}{m_{\mathrm{s}}}\times 100\%$$

2. 数据处理

请查阅活动 4 绘制的滴定管校准曲线以及表 12-3 不同温度下的溶液补正值,完成实验数据的处理,并写出主要计算过程。盐酸总酸度的测定数据记录见表 12-7。

表 12-7 盐酸总酸度的测定数据记录表

实验日期：____________ 温度/℃：____________ 指示剂：____________

内容		测定次数			
		1	2	3	备用
锥形瓶和水的质量(第一次读数)/g					
锥形瓶、水、试样的质量(第二次读数)/g					
试样的质量 m/g					
测定实验	滴定管初读数/mL				
	滴定管终读数/mL				
	滴定消耗 NaOH 溶液的体积/mL				
	滴定管体积校准值/mL				
	水温/℃				
	温度补正值/(mL/L)				
	溶液温度校正值/(mL/L)				
	实际消耗 NaOH 溶液的体积/mL				
NaOH 标准滴定溶液的浓度/(mol/L)					
盐酸总酸度/%					
算术平均值/%					
相对极差/%					

检验人：____________ 复核员：____________

写出主要数据处理计算过程。

目标检测

一、单项选择题

1. 容量瓶的校准方法(　　)。

A. 只有绝对校准一种　　B. 只有相对校准一种

C. 只有温度校准一种　　D. 有绝对校准和相对校准两种

2. 容量瓶的相对校准是指(　　)。

A. 容量瓶和移液管的相对校准　　B. 容量瓶和滴定管的相对校准

C. 容量瓶和量筒的相对校准　　D. 容量瓶和锥形瓶的相对校准

3. 在 15 ℃时，以黄铜砝码称量某容量瓶所容纳水的质量为 249.52 g，已知 15 ℃时水的密度为 0.99793 g/mL，则 15 ℃时其实际容积为(　　)。

A. 249.06 mL　　B. 250.04 mL　　C. 250 mL　　D. 250.10 mL

4. 在 21 ℃时，由滴定管放出 10.03 mL 水，其质量为 10.04 g。已知 21 ℃时，每毫升水的质量为 0.99700 g，则 21 ℃时其实际容积为 10.07 mL。此管容积之误差为（　　）。

A. −0.04 mL　　B. 0.04 mL　　C. 0.03 mL　　D. −0.03 mL

5. 已知 10 ℃时水的密度是 0.99839 g/mL，若 10 ℃时，某移液管的容积是 10.09 mL，则 10 ℃时该移液管放出的水重为（　　）。

A. 10.02 g　　B. 10.07 g　　C. 9.98 g　　D. 9.93 g

二、判断题

1. 玻璃仪器的容积并不经常与它标出的大小完全符合，因此对于要求较高的分析工作，应进行校准。（　　）

2. 进行滴定管校准时，称量用的砝码一般是黄铜砝码。（　　）

3. 容量瓶只能进行绝对校准，不能进行相对校准。（　　）

4. 移液管的校准方法和滴定管的校准方法相同。（　　）

三、简答题

在滴定分析中，滴定管读数、滴定管消耗体积、溶液温度补正值、溶液温度校正值、滴定管体积校准值、滴定管实际消耗的体积分别指的是什么？他们之间有什么关系？

阅读材料

为国铸盾的工程专家——钱七虎

钱七虎，1937 年 10 月出生于江苏省昆山市，他是科技强军、为国铸盾的防护工程专家，是我国现代防护工程理论的奠基人、防护工程学科的创立者。

1965 年，钱七虎从苏联学成回国，创建了中国防护工程学科，建成了国家重点学科、重点实验室和创新研究群体。钱七虎在国内倡导并率先开展了深部非线性岩石力学基础理论，以及深部防护工程抗核武器钻地爆炸毁伤效应的研究，填补了深地下工程抗核武器钻地爆炸效应的防护计算理论的空白。钱七虎长期从事防护工程及地下工程的教学与科研工作，解决了孔口防护等多项难点的计算与设计问题，率先将运筹学和系统工程方法运用于防护工程领域。

多年来，他勇攀科技高峰，制定我国首部人防工程防护标准，创建我国防护工程人才培养体系，解决核武器和常规武器工程防护一系列关键技术难题，为我国防护工程的发展做出巨大贡献。

附　录

附录 A　操作技能考核试卷

注 意 事 项

一、请根据试题考核要求，完成考试内容

二、请服从考评人员的指挥，保证考核安全顺利进行

试题　用 HCl 标准滴定溶液测定样品中 NaOH 的含量

一、考核要求

1. 仪器设备清洁干净、堆放整齐　2. 操作规范　3. 测定读数必须迅速、准确

4. 结果计算准确　5. 原始记录完整　6. 完成速度符合要求

二、测定步骤

1. 玻璃仪器选用、清洗、检查

2. 未知溶液中的 NaOH 含量测定

(1)用移液管吸取 25 mL 未知样于 250 mL 容量瓶中，稀释、定容，摇匀后备用。

(2)用移液管吸取 25 mL 已稀释的未知样溶液，于 250 mL 锥形瓶中，加入 25 mL 蒸馏水及 2 滴甲基橙指示剂。用标好的 HCl 标准滴定溶液滴至溶液呈橙色，记下滴定管读数。

(3)同时做空白试验，平行测定 2 次。

三、数据处理及结果计算

1. 计算未知样中 NaOH 含量(以 100 mL 溶液中 NaOH 的含量表示)

NaOH 的含量以 X 计，以 g/100 mL 表示，按下式计算：

$$X=\frac{c\times(V-V_0)\times M\times10^{-3}}{25\times\frac{25}{250}}$$

式中：c——HCl 标准滴定溶液的摩尔浓度的准确数值，mol/L；

V——测定试样时消耗 HCl 标准滴定溶液体积的准确数值，mL；

V_0——空白试验时消耗 HCl 标准滴定溶液体积的准确数值，mL；

M——NaOH 的摩尔质量，40.00 g/mol。

取平行测定值的平均值为测定结果。

2. 计算测定 NaOH 含量的相对平均偏差

$$相对平均偏差=\frac{\frac{\sum_{i=1}^{n}|X_i-\overline{X}|}{n}}{\overline{X}}\times100\%$$

式中：n——测定次数；

X_i——单次测定值，g/100 mL；

$\overline{X}$——测定值的平均值，g/100 mL。

四、考核时间：60 min，超过 20 min 停考

NaOH 含量的测定数据记录

姓名：__________ 准考证号：____________ 单位：________________

<table>
<tr><th colspan="2" rowspan="2">项目</th><th colspan="3">标定次数</th></tr>
<tr><th>1</th><th>2</th><th>备注</th></tr>
<tr><td colspan="2">试样体积/mL</td><td></td><td></td><td></td></tr>
<tr><td rowspan="7">测定试样</td><td>滴定消耗 HCl 标准溶液的体积/mL</td><td></td><td></td><td></td></tr>
<tr><td>滴定管体积校准值/mL</td><td></td><td></td><td></td></tr>
<tr><td>溶液温度/℃</td><td colspan="2"></td><td></td></tr>
<tr><td>溶液温度补正值/(mL/L)</td><td colspan="2"></td><td></td></tr>
<tr><td>溶液温度校正值/(mL/L)</td><td></td><td></td><td></td></tr>
<tr><td>实际消耗 HCl 标准溶液的体积 V/mL</td><td></td><td></td><td></td></tr>
<tr><td>空白试验</td><td>滴定消耗 HCl 标准溶液的体积/mL</td><td colspan="2"></td><td></td></tr>
<tr><td colspan="2">HCl 标准溶液的浓度 c/(mol/L)</td><td colspan="2"></td><td></td></tr>
<tr><td colspan="2">样品含量 X/(g/100 mL)</td><td></td><td></td><td></td></tr>
<tr><td colspan="2">样品含量平均值/(g/100 mL)</td><td colspan="2"></td><td></td></tr>
<tr><td colspan="2">平行测定结果的相对平均偏差/%</td><td colspan="2"></td><td></td></tr>
</table>

用 HCl 标准滴定溶液测定样品中 NaOH 含量考核评分记录表

<table>
<tr><th>序号</th><th>项目及分配</th><th colspan="7">评分标准</th><th>扣分情况记录</th><th>得分</th></tr>
<tr><td rowspan="2">1</td><td rowspan="2">测定未知样允许差(25 分)</td><td>相对平均偏差≤/%</td><td>0.1</td><td>0.2</td><td>0.3</td><td>0.4</td><td>0.6</td><td>>0.6</td><td rowspan="2"></td><td rowspan="2"></td></tr>
<tr><td>扣分标准/分</td><td>0</td><td>5</td><td>10</td><td>15</td><td>20</td><td>25</td></tr>
<tr><td rowspan="2">2</td><td rowspan="2">测定未知样准确度(20 分)</td><td>与准确浓度相对偏差≤/%</td><td>0.2</td><td>0.3</td><td>0.4</td><td>0.5</td><td>0.6</td><td>>0.7</td><td rowspan="2"></td><td rowspan="2"></td></tr>
<tr><td>扣分标准</td><td>0</td><td>4</td><td>8</td><td>12</td><td>16</td><td>20</td></tr>
<tr><td rowspan="2">3</td><td rowspan="2">完成测定时限(10 分),超过 20 min 停考</td><td>超过时间≤</td><td>0</td><td colspan="2">0:05</td><td colspan="2">0:10</td><td>>0:15</td><td rowspan="2"></td><td rowspan="2"></td></tr>
<tr><td>扣分标准/分</td><td>0</td><td colspan="2">3</td><td colspan="2">6</td><td>10</td></tr>
<tr><td>4</td><td>操作分数(35 分)扣完为止,不进行倒扣</td><td colspan="7">(1) 每个犯规动作扣 0.5 分,重复犯规,最多扣 1 分。
(2) 容量仪器未清洗干净,每件扣 2 分。
(3) 定容过头或不到,扣 2 分。
(4) 重新滴定一支,扣 5 分。
(5) 滴定终点过头,用扣体积来校正,扣 2 分。
(6) 计算中未进行温度校正或滴定管体积校准,扣 2 分。
(7) 计算中有错误,每处扣 5 分;数据有效位数不对或修约错误,每处扣 0.5 分;数据不全,每缺一项扣 0.5 分。
(8) 损坏仪器,每件扣 5 分</td><td></td><td></td></tr>
<tr><td>5</td><td>原始数据记录(5 分)</td><td colspan="7">原始数据记录不及时,扣 1 分;原始数据不记录在原始记录纸上,扣 2 分;记录中不按规范改正,每处扣 0.5 分</td><td></td><td></td></tr>
<tr><td>6</td><td>实验结束工作(5 分)</td><td colspan="7">(1) 考核结束,容量仪器清洗不洁,扣 2 分。
(2) 考核结束,仪器、试剂材料堆放不整齐,扣 3 分</td><td></td><td></td></tr>
<tr><td>7</td><td>否决项</td><td colspan="7">滴定管读数及其他原始数据未经监考老师同意不可更改,在考核时不准有讨论等作弊行为发生,若发生,则作 0 分处理</td><td></td><td></td></tr>
</table>

评分人:　　　　年　月　日　　　　核分人:　　　　年　月　日

附录 B　实验室用溶液制备标准

《化学试剂　杂质测定用标准溶液的制备》(GB/T 602—2002)

1. 范围

本标准规定了化学试剂杂质测定用标准溶液的制备方法。

本标准适用于制备单位容积内含有准确数量物质(元素、离子或分子)的溶液,适用于化学试剂中杂质的测定,也可供其他行业选用。

2. 一般规定

(1) 本标准除另有规定外,所用试剂的纯度应在分析纯以上,所用标准滴定溶液、制剂及制品,应按 GB/T 601—2002,GB/T 603—2002 的规定制备,实验用水应符合 GB/T 6682—1992 中三级水的规格。

(2) 杂质测定用标准溶液,应使用分度吸管量取。每次量取时,以不超过所量取杂质测定用标准溶液体积的三倍量选用分度吸管。

(3) 杂质测定用标准溶液的量取体积应在 0.05～2.00 mL 之间。当量取体积少于 0.05 mL 时,应将杂质测定用标准溶液按比例稀释,稀释的比例,以稀释后的溶液在应用时的量取体积不小于 0.05 mL 为准;当量取体积大于 2.00 mL 时,应在原杂质测定用标准溶液制备方法的基础上,按比例增加所用试剂和制剂的加入量,增加比例以制备后溶液在应用时的量取体积不大于 2.00 mL 为准。

(4) 除另有规定外,杂质测定用标准溶液,在常温(15～25 ℃)下,保存期一般为二个月,当出现浑浊、沉淀或颜色有变化等现象时,应重新制备。

(5) 本标准中所用溶液以(%)表示的均为质量分数,只有乙醇(95%)中的(%)为体积分数。

3. 制备方法

(1) 铁(0.1 mg/mL):称取 0.864 g 硫酸铁铵[$NH_4Fe(SO_4)_2 \cdot 12H_2O$],溶于水,加 10 mL 硫酸溶液(25%),移入 1000 mL 容量瓶中,稀释至刻度、摇匀。

(2) 亚铁(0.1 mg/mL):称取 0.702 g 硫酸亚铁铵[$(NH_4)_2Fe(SO_4)_2 \cdot 6H_2O$],溶于含有 0.5 mL 硫酸的水中,移入 1000 mL 容量瓶中,稀释至刻度。临用前制备。

(3) 铜(0.1 mg/mL):称取 0.393 g 硫酸铜($CuSO_4 \cdot 5H_2O$),溶于水,移入 1000 mL 容量瓶中,稀释至刻度。

(4) 镍(0.1 mg/mL):称取 0.448 g 硫酸镍($NiSO_4 \cdot 6H_2O$),溶于水,移入 1000 mL 容量瓶中,稀释至刻度。

(5) 钴(1 mg/mL):称取 2.630 g 无水硫酸钴[用硫酸钴($CoSO_4 \cdot 7H_2O$)于 500～550 ℃灼烧至恒重],加 150 mL 水,加热至溶解、冷却,移入 1000 mL 容量瓶中,稀释至

刻度。

(6) 硅(0.1 mg/mL):称取 0.214 g 二氧化硅,置于铂坩埚中,加 1 g 无水碳酸钠,混匀。于 1000 ℃加热至完全熔融,冷却,溶于水,移入 1000 mL 容量瓶中,稀释至刻度。贮存于聚乙烯瓶中。

(7) 磷(0.1 mg/mL):称取 0.439 g 磷酸二氢钾,溶于水,移入 1000 mL 容量瓶中,稀释至刻度。

(8) 硅酸盐(1 mg/mL):称取 0.790 g 二氧化硅,置于铂坩埚中,加 2.6 g 无水碳酸钠,混匀。于 1000 ℃加热至完全熔融,冷却,溶于水,移入 1000 mL 容量瓶中,稀释至刻度。贮存于聚乙烯瓶中。

(9) 磷酸盐(0.1 mg/mL):称取 0.143 g 磷酸二氢钾,溶于水,移入 1000 mL 容量瓶中,稀释至刻度。

(10) 缩二脲(1 mg/mL):称取 1.000 g 缩二脲,溶于水,移入 1000 mL 容量瓶中,稀释至刻度。临用前制备。

附录C　化合物的摩尔质量(*M*)

化合物	摩尔质量 $M/(g/mol)$	化合物	摩尔质量 $M/(g/mol)$
$AgBr$	187.77	$CdCO_3$	172.42
$AgCl$	143.32	$CdCl_2$	183.82
$AgCN$	133.89	CdS	144.47
$AgSCN$	165.95	$Ce(SO_4)_2$	332.24
$AlCl_3$	133.34	$CoCl_2$	129.84
Ag_2CrO_4	331.73	$Co(NO_3)_2$	182.94
AgI	234.77	CoS	90.99
$AgNO_3$	169.87	$CoSO_4$	154.99
$AlCl_3 \cdot 6H_2O$	241.43	$CO(NH_2)_2$	60.06
$Al(NO_3)_3$	213.00	$CrCl_3$	158.36
$Al(NO_3)_3 \cdot 9H_2O$	375.13	$Cr(NO_3)_3$	238.01
Al_2O_3	101.96	$CuCl$	99.00
$Al(OH)_3$	78.00	$CuCl_2$	134.45
$Al_2(SO_4)_3$	342.14	$CuCl_2 \cdot 2H_2O$	170.48
$Al_2(SO_4)_3 \cdot 18H_2O$	666.41	$CuSCN$	121.62
As_2O_3	197.84	CuI	190.45
As_2O_5	229.84	$Cu(NO_3)_2$	187.56
As_2S_3	246.03	$Cu(NO_3) \cdot 3H_2O$	241.60
$BaCO_3$	197.34	CuO	79.54
BaC_2O_4	225.35	Cu_2O	143.09
$BaCl_2$	208.24	CuS	95.61
$BaCl_2 \cdot 2H_2O$	244.27	$CuSO_4$	159.06
$BaCrO_4$	253.32	$CuSO_4 \cdot 5H_2O$	249.68
BaO	153.33	$FeCl_2$	126.75
$Ba(OH)_2$	171.34	$FeCl_2 \cdot 4H_2O$	198.81
$BaSO_4$	233.39	$FeCl_3$	162.21

续表

化合物	摩尔质量 $M/(g/mol)$	化合物	摩尔质量 $M/(g/mol)$
$BiCl_3$	315.34	$FeCl_3 \cdot 6H_2O$	270.30
$BiOCl$	260.43	$Fe(NO_3)_3$	241.86
CO_2	44.01	$Fe(NO_3)_3 \cdot 9H_2O$	404.00
CaO	56.08	FeO	71.85
$CaCO_3$	100.09	Fe_2O_3	159.69
CaC_2O_4	128.10	Fe_3O_4	231.54
$CaCl_2$	110.99	$Fe(OH)_3$	106.87
$CaCl_2 \cdot 6H_2O$	219.08	FeS	87.91
$Ca(NO_3)_2 \cdot 4H_2O$	236.15	Fe_2S_3	207.87
$Ca(OH)_2$	74.09	$FeSO_4$	151.91
$Ca_3(PO_4)_2$	310.18	$FeSO_4 \cdot 7H_2O$	278.01
$CaSO_4$	136.14	$Fe(NH_4)_2(SO_4)_2 \cdot 6H_2O$	392.13
H_3AsO_3	125.94	K_2CO_3	138.21
H_3AsO_4	141.94	K_2CrO_4	194.19
H_3BO_3	61.83	$K_2Cr_2O_7$	294.18
HBr	80.91	$K_3Fe(CN)_6$	329.25
HCN	27.03	$K_4Fe(CN)_6$	368.35
$HCOOH$	46.03	$KFe(SO_4)_2 \cdot 12H_2O$	503.24
CH_3COOH	60.05	$KHC_4H_4O_6$	188.18
H_2CO_3	62.02	$KHC_8H_4O_4$	204.22
$H_2C_2O_4$	90.04	$KHSO_4$	136.16
$H_2C_2O_4 \cdot 2H_2O$	126.07	KI	166.00
$H_2C_4H_4O_6$	150.09	KIO_3	214.00
HCl	36.46	$KMnO_4$	158.03
HF	20.01	KNO_3	101.10
HIO_3	175.91	KNO_2	85.10
HNO_2	47.01	K_2O	94.20
HNO_3	63.01	KOH	56.11
H_2O	18.02	K_2SO_4	174.25
H_2O_2	34.01	$MgCO_3$	84.31

续表

化合物	摩尔质量 $M/(g/mol)$	化合物	摩尔质量 $M/(g/mol)$
H_3PO_4	98.00	$MgCl_2$	95.21
H_2S	34.08	$MgCl_2 \cdot 6H_2O$	203.30
H_2SO_3	82.07	MgC_2O_4	112.33
H_2SO_4	98.07	MgO	40.30
$Hg(CN)_2$	252.63	$Mg(OH)_2$	58.32
$HgCl_2$	271.50	$Mg_2P_2O_7$	222.55
Hg_2Cl_2	472.09	$MgSO_4 \cdot 7H_2O$	246.47
HgI_2	454.40	$MnCO_3$	114.95
$Hg_2(NO_3)_2$	525.19	$MnCl_2 \cdot 4H_2O$	197.91
$Hg(NO_3)_2$	324.60	MnO	70.94
HgO	216.59	MnO_2	86.94
HgS	232.65	MnS	87.00
$HgSO_4$	296.65	$MnSO_4$	151.00
Hg_2SO_4	497.24	$MnSO_4 \cdot 4H_2O$	223.06
$KAl(SO_4)_2 \cdot 12H_2O$	474.38	NO	30.01
KBr	119.00	NO_2	46.01
$KBrO_3$	167.00	NH_3	17.03
KCl	74.55	CH_3COONH_4	77.08
$KClO_3$	122.55	$NH_2OH \cdot HCl$	69.49
$KClO_4$	138.55	(盐酸羟氨)	
KCN	65.12	NH_4Cl	53.49
$KSCN$	97.18	$(NH_4)_2CO_3$	96.09
$(NH_4)_2C_2O_4$	124.10	Na_2SO_4	142.04
$(NH_4)_2C_2O_4 \cdot H_2O$	142.11	$Na_2S_2O_3$	158.10
NH_4SCN	76.12	$Na_2S_2O_3 \cdot 5H_2O$	248.17
NH_4HCO_3	79.06	P_2O_5	141.95
$(NH_4)_2MoO_4$	196.01	$PbCO_3$	267.21
NH_4NO_3	80.04	PbC_2O_4	295.22
$(NH_4)_2HPO_4$	132.06	$PbCl_2$	278.10
$(NH_4)_2S$	68.14	$PbCrO_4$	323.19

续表

化合物	摩尔质量 $M/(g/mol)$	化合物	摩尔质量 $M/(g/mol)$
$(NH_4)_2SO_4$	132.13	$Pb(CH_3COO)_2$	325.29
Na_3AsO_3	191.89	PbI_2	461.01
$Na_2B_4O_7$	201.22	$Pb(NO_3)_2$	331.21
$Na_2B_4O_7 \cdot 10H_2O$	381.37	PbO	223.20
$NaCN$	49.01	PbO_2	239.20
$NaSCN$	81.07	PbS	239.30
Na_2CO_3	105.99	$PbSO_4$	303.30
$Na_2CO_3 \cdot 10H_2O$	286.14	SO_3	80.06
$Na_2C_2O_4$	134.00	SO_2	64.06
CH_3COONa	82.03	$SbCl_3$	228.11
$CH_3COONa \cdot 3H_2O$	136.08	Sb_2O_3	291.50
$NaCl$	58.44	SiF_4	104.08
$NaClO$	74.44	SiO_2	60.08
$NaHCO_3$	84.01	$SnCl_2$	189.60
$Na_2HPO_4 \cdot 12H_2O$	358.14	$SnCl_2 \cdot 2H_2O$	225.63
$Na_2H_2C_{10}H_{12}O_8N_2$ (EDTA 二钠盐)	336.21	$SnCl_4$	260.50
		$SrCO_3$	147.63
$NaNO_2$	69.00	SrC_2O_4	175.64
$NaNO_3$	85.00	$ZnCO_3$	125.39
Na_2O	61.98	$UO_2(CH_3COO)_2 \cdot 2H_2O$	424.15
Na_2O_2	77.98	$ZnCl_2$	136.29
$NaOH$	40.00	$Zn(NO_3)_2$	189.39
Na_3PO_4	163.94	ZnO	81.38
Na_2S	78.04	ZnS	97.44
Na_2SO_3	126.04	$ZnSO_4$	161.54

附录 D　强酸、强碱、氨溶液的质量分数与密度(ρ)和物质的量浓度(c)的关系

质量分数/%	H_2SO_4		HNO_3		HCl		KOH		NaOH		NH_3溶液	
	ρ/(g/cm³)	c/(mol/L)	ρ/(g/cm³)	c/(mol/L)	ρ/(g/cm³)	c/(mol/L)	ρ/(g/cm³)	c/(mol/L)	ρ/(g/cm³)	c/(mol/L)	ρ/(g/cm³)	c/(mol/L)
2	1.013		1.011		1.009		1.016		1.023		0.992	
4	1.027		1.022		1.019		1.033		1.046		0.983	
6	1.040		1.033		1.029		1.048		1.069		0.973	
8	1.055		1.044		1.039		1.065		1.092		0.967	
10	1.069	1.1	1.056	1.7	1.049	2.9	1.082	1.9	1.115	2.8	0.960	5.6
12	1.083		1.068		1.059		1.110		1.137		0.953	
14	1.098		1.080		1.069		1.118		1.159		0.964	
16	1.112		1.093		1.079		1.137		1.181		0.939	
18	1.127		1.106		1.089		1.156		1.213		0.932	
20	1.143	2.3	1.119	3.6	1.100	6	1.176	4.2	1.225	6.1	0.926	10.9
22	1.158		1.132		1.110		1.196		1.247		0.919	
24	1.178		1.145		0.121		1.217		1.268		0.913	12.9
26	1.190		1.158		1.132		1.240		1.289		0.908	13.9
28	1.205		1.171		1.142		1.263		1.310		0.903	

续表

质量分数/%	H_2SO_4		HNO_3		HCl		KOH		NaOH		NH_3溶液	
	ρ/(g/cm^3)	c/(mol/L)	ρ/(g/cm^3)	c/(mol/L)	ρ/(g/cm^3)	c/(mol/L)	ρ/(g/cm^3)	c/(mol/L)	ρ/(g/cm^3)	c/(mol/L)	ρ/(g/cm^3)	c/(mol/L)
30	1.224	3.7	1.184	5.6	1.152	9.5	1.268	6.8	1.332	10	0.898	15.8
32	1.238		1.198		1.163		1.310		1.352		0.893	
34	1.255		1.211		1.173		1.334		1.374		0.889	
36	1.273		1.225		1.183	11.7	1.358		1.395		0.884	18.7
38	1.290		1.238		1.194	12.4	1.384		1.416			
40	1.307	5.3	1.251	7.9			1.411	10.1	1.437	14.4		
42	1.324		1.264				1.437		1.458			
44	1.342		1.277				1.460		1.478			
46	1.361		1.290				1.485		1.499			
48	1.380		1.303				1.511		1.519			
50	1.399	7.1	1.316	10.4			1.533	13.7	1.540	19.3		
52	1.419		1.328				1.564		1.560			
54	1.439		1.340				1.590		1.580			
56	1.46		1.351				1.616	16.1	1.601			
58	1.482		1.362						1.622			
60	1.503	9.2	1.373	13.3					1.643	24.6		
62	1.525		1.384									
64	1.547		1.394									

续表

质量分数/%	H_2SO_4		HNO_3		HCl		KOH		NaOH		NH_3溶液	
	ρ/(g/cm³)	c/(mol/L)	ρ/(g/cm³)	c/(mol/L)	ρ/(g/cm³)	c/(mol/L)	ρ/(g/cm³)	c/(mol/L)	ρ/(g/cm³)	c/(mol/L)	ρ/(g/cm³)	c/(mol/L)
66	1.571		1.403	14.6								
68	1.594		1.412	15.2								
70	1.617	11.6	1.421	15.8								
72	1.64		1.429									
74	1.664		1.437									
76	1.687		1.445	18.5								
78	1.710		1.453									
80	1.732		1.460									
82	1.755		1.467									
84	1.776		1.474									
86	1.793	16.7	1.480	23.1								
88	1.808		1.486									
90	1.819		1.491									
92	1.830		1.496									
94	1.837	18.4	1.500									
96	1.840		1.504	24								
98	1.841		1.510									
100	1.838		1.522									

参考文献

[1] 邢文卫,陈艾霞.分析化学[M].3 版. 北京:化学工业出版社,2017.
[2] 陈艾霞,杨丽香.分析化学实验与实训[M].2 版. 北京:化学工业出版社,2016.